U1008424

江苏省化工园区危险废物统筹规划管理及应用

JIANGSUSHENG HUAGONGYUANQU
WEIXIAN FEIWU TONGCHOU GUIHUA
GUANLI JI YINGYONG

包 健　王伟霞　周海云 等◎著

河海大学出版社
HOHAI UNIVERSITY PRESS

内容提要

简要介绍了国外危险废物管理基本措施，以及国内危险废物产生、处置与管理现状，探讨了化工园区危险废物的统筹规划管理、管理方案制定、源头管控、循环利用管理及技术，结合案例阐述了危险废物利用处置的资源整合与能力建设等。

图书在版编目(CIP)数据

江苏省化工园区危险废物统筹规划管理及应用 / 包健等著. —南京：河海大学出版社，2018.11

ISBN 978-7-5630-5721-4

Ⅰ. ①江… Ⅱ. ①包… Ⅲ. ①化学工业—工业园区—危险物品管理—废物管理—江苏 Ⅳ. ①X7

中国版本图书馆 CIP 数据核字(2018)第 266756 号

书　　名 江苏省化工园区危险废物统筹规划管理及应用
书　　号 ISBN 978-7-5630-5721-4
责任编辑 谢业保
特约校对 陈　进
封面设计 黄　煜
出版发行 河海大学出版社
地　　址 南京市西康路 1 号(邮编:210098)
电　　话 (025)83737852(总编室)　(025)83722833(营销部)
经　　销 江苏省新华发行集团有限公司
排　　版 南京布克文化发展有限公司
印　　刷 虎彩印艺股份有限公司
开　　本 787 毫米×960 毫米　1/16
印　　张 9.75
字　　数 191 千字
版　　次 2018 年 11 月第 1 版
印　　次 2018 年 11 月第 1 次印刷
定　　价 48.00 元

编 委 会

主　编　包　健　王伟霞　周海云

编　委　袁思佳　杨振亚　黄俊云

　　　　李国平　王　浩　王　莹

前　言

随着生活水平的提高和工业化进程的飞速推进，生活和生产中产生的固体废弃物数量急剧增加。其中对环境和人身安全影响较大的危险废物产生量也在不断增长，加上目前对于危险废物的管理、处理处置和综合利用水平普遍较低，导致危险废物引起的环境污染事故不断增多，对生态环境的影响日益严重。

党的十八大以来，以习近平同志为核心的党中央把生态文明建设作为统筹推进"五位一体"总体布局和协调推进"四个全面"战略布局的重要内容，作出了一系列重大决策部署，江苏省委十三届三次全会把"生态环境高质量"作为"六个高质量"之一，强调要以天蓝地绿水清、绿色低碳循环、宁静和谐美丽为目标，下大力气补齐拉长生态环境这个突出短板，把江苏建设得更加美丽、更加令人向往。化工产业是江苏省的传统支柱产业，化工企业的污染也是江苏的心腹大患。过去十几年江苏省先后开展了三轮化工企业专项整治，组织过沿海化工园区和苏中、苏北化工园区环保专项整治，累计关闭污染严重的化工企业 7 000 多家。近两年组织开展了化工企业"四个一批"专项行动、长江经济带化工污染整治专项行动，2017 年共关闭落后化工企业 1 421 家。总的来看，通过一系列强有力的整治，全省的化工污染状况有了较大程度改观。但是，江苏省化工园区特别是沿海化工园区仍然存在环境规范管理水平不高、基础设施建设不完善等问题，化工企业偷排偷倒等环境违法行为依然多发高发。2017 年以来，江苏省接连发生"工业污泥向长江安徽段非法转移倾倒案""辉丰案""滨海案"，以及灌河口事件、赣榆垃圾倾倒公园事件等重大环境污染案件。特别是 2018 年中央环保督察"回头看"期间，在江苏省发生"泰兴市滨江污水处理有限公司在长江边倾倒数万吨污泥""泰兴化工园区数万吨化工废料非法填埋长江岸边""苏州张家港市沙钢集团百万吨钢渣等工业固废弃置江边"等多起历史遗留的非法填埋倾倒案件，引起社会广泛关注和各级党委政府高度重视，暴露出江苏省在固体废物尤其是危险废物处理处置中存在突出问题，引发社会各方面的广泛关注，也为推动经济高质量发展敲响了警钟。

针对愈发严峻的化工园区环保压力，应当主动适应环境保护新形势，在法规政策范围内，以实现园区内危险废物自行消纳和循环利用为目标，探索危险废物管理统筹规划管理模式，将园区视为一家“大企业”，充分依托现有基础条件，整合资源，集中监管。在此背景下，江苏省环境保护厅开展了化工园区危险废物统筹规划管理试点，旨在探索危险废物环境管理新模式，为适应化工园区危险废物管理发展趋势、助力江苏省生态环境管理制度综合改革提供新思路，寻求新途径。化工园区危险废物统筹规划管理新模式主要表现在以下几个方面：

(1) 统筹规划。在分析现状及存在问题基础上，结合化工园区近远期发展规划，制定危险废物处置及管理统筹规划，兼顾当前，着眼长远。要摸清底数，了解园区企业情况、危险废物种类以及产生处置现状、园区现有处置能力等，梳理主要问题及制约因素。结合近期入驻企业数量、类型及产废情况，合理规划贮存场所、预处理设施，以及其他危险废物处置基础设施。

(2) 源头减量。由末端控制向源头减量转变。目前，焚烧填埋能够处置的资源有限，难以满足快速增长的危险废物处置要求。对产废量大的行业、企业推行清洁生产，通过工艺技术改造等措施，减少产生量。鼓励依法开展自行利用处置，尽量降低企业危险废物转运量。应当识别危险废物特性，分类处置。

(3) 综合利用。焚烧填埋存在二次污染问题，对具有可利用价值的废物，鼓励优先进行综合利用。根据规划，“十三五”期间，江苏省将积极引导具有新型干法水泥窑资源的地方，重点推进水泥窑协同处置危险废物和工业污泥项目的建设。

(4) 规模化整合资源。借鉴园区废水处理模式，对危险废物实行集中预处理和集中利用处置。应根据规划建设园区危险废物预处理中心，或者通过大企业自建、小企业共享的方式，解决园区内危险废物。

(5) 通过政策引导，以目前超期且贮存量大的工业污泥、废盐、废活性炭、飞灰等为重点，组织开展技术攻关，培育利用处置企业。选择社会责任感强、经济技术实力雄厚的企业，推动专业化、规模化项目建设。

目　　录

1 绪论

危险废物的来源主要包括工业生产、居民生活、商业活动、农业生产、医疗服务、不完善的环保设施等，其中工业生产是危险废物的最大来源。根据《2017 年全国大、中城市固体废物污染环境防治年报》，2016 年全国大、中城市工业危险废物产生量达 3 344.6 万吨，综合利用量 1 587.3 万吨，处置量 1 535.4 万吨，贮存量 380.6 万吨。我国工业危险废物产生量大、处置监管水平普遍较低、危险废物管理要求落实不到位等问题长期没有得到较好地解决。近年来工业园区污染问题频发，处置能力、监管能力跟不上需求是引发工业园区环境问题的重要原因，所以应该以实现园区内危险废物自行消纳和循环利用为目标，实行统筹规划、整合资源、集中管制。

对于危险废物的定义，不同国家和组织均有不同的解释。联合国环境规划署(UNEP)把危险废物定义为指除放射性以外的具有化学毒性、爆炸性、腐蚀性或其他对人、动植物和环境有危害的废物，凸显了危险废物本身的危害性及对人体、环境的危害性[1]。世界卫生组织则认为危险废物是指“除生活垃圾和放射性废物之外的，由于数量、物理化学性质或传染性，当未进行适当的处理、存放、运输或处置时，会对人类健康或环境造成重大危害的废物”[2]，可见上述定义在联合国环境规划署定义的基础上提出了危险废物的处理处置方式。美国《危险废物识别条例》则指出危险废物是“具有易燃性、腐蚀性、易反应性和未通过吸收程序毒性检测的固体废物”。日本在 1972 年 7 月修订的《废弃物处理与清扫法》中也强调了危险废物的“有害特性”，其有害特性包括爆炸性、易燃性、反应性(包括氧化性、自燃性和与水反应性)、腐蚀性、毒性(包括对人和生态系统的毒性)和感染性[3]。

本章以美国、欧盟、日本等国外地区为例，介绍其危险废物管理措施，并对国内危险废物管理制度进行分析和探讨，对化工园区的危险废物管理现状和趋势进行简要的阐述。

1.1 国外危险废物管理措施

1.1.1 美国

美国对危险废物的管理至今已经积累了五十多年的实践经验。1965 年,美国国会颁布了《固体废物处置法案》(Solid Waste Disposal Act,SWDA),这是第一个用于改进固体废物处置措施的联邦法规,1970 年在《资源回收法案》中对上述改进措施进行了修正。在 1976 年出台的《清洁空气法》和《联邦水污染控制法》中,虽然涉及了对空气和水造成污染的废物的管制,但是对于在废物中占绝大多数的“固体废物”却缺乏系统、有效的法规来加强控制。而在同年通过的《资源保护与回收法案》(Resource Conservation and Recovery Act,RCRA)中,通过设立的专门篇章修正了危险废物管理相关规定,弥补了美国在固体废物管理法律方面的缺陷。20 世纪 70 年代末,美国发生了“纽约州拉夫运河”和“密苏里州时代海滩”等严重污染场地事件,对美国政府在清理环境污染、保护公众健康安全方面提出了新的挑战。1980 年,美国国会通过了《综合环境反应、赔偿与责任法》(CERCLA),授权联邦政府清理污染场地,并追诉“潜在责任方”(PRPs)的财务责任。依据该法案,美国环境保护署(EPA)实施了超级基金计划,经随后 30 多年的实践,形成一整套污染场地修复工作程序和指导规范及对污染场地风险管理的工作程序,其形成的一整套做法成为全世界学习和借鉴的范例。

综合来说,美国危险废物管理的法规体系主要由三部分组成:

一是国会法律,即《固体废物法》(或称《资源保护和回收法案》,RCRA)。该法实际上是第一个联邦固体废物法规与后来所有的修正案的集合体,其最近的修正案是 1996 年的《陆地处置程序弹性法案》(Land Disposal Program Flexibility Act,LDPFA)。这项修正案对《资源保护和回收法案》中陆地处置限制程序和非危险废物填埋场的地下水监测计划进行了修改。《资源保护和回收法案》建立了危险废物管理的基本框架,分别对固体废物、危险废物和危险废物地下贮存库的管理提出要求。国会制定《资源保护和回收法案》有 3 个主要目标:① 保护人类健康和环境;② 减少废物,节约能源和自然资源;③ 尽可能快速地减少或消除危险废物的产生。为了与这一法律配套,EPA 制定了上百个关于固体废物、危险废弃物的排放、收集、贮存、运输、处理、处置,以及回收利用的规定、规划和指南等,形成了较为完善的固体废物管理法规体系。

二是 RCRA 的法规内容被《美国联邦法规》(Code of Federal Regulation,CFR)收编,并授予 EPA 颁布条例的法定权力,EPA 每年 7 月 1 日对 RCRA 法规进行更新出版一次。尽管如此，国会认为应由州政府承担日常的执法责任，而EPA负责对这项州计划进行联邦层次的监督，因为州政府对于其所管理的辖区更为熟悉，能以适应各州实情和当地需求的方式执行此计划。RCRA第3006条赋予了美国环保局授予合格州政府在州内行使实施RCRA危险废物计划的权力。经授权后，州计划将可以代替联邦在州内(有一定限制地)实行这些规定。一旦州政府获得最终授权，便必须通过对其计划进行不断地改进和修订来体现相应联邦规章条例的变化，以便保持其授权状态。

三是EPA制定的实施指南及手册。为指导EPA法规的实施，EPA及美国地方环保部门开发和制定了成百上千的指南和手册。例如：EPA的《危险废物处理贮存处置者废物分析一指导手册》《危险废物焚烧设施许可手册》《RCRA检查手册》，美国加州环保局的《危险废物许可设施监测要求指导文件》《超级基金和RCRA项目管理者地下水取样指南》等。这些指南内容详实，构成了法律法规实施的基础[4]。

此外，在强大的法律法规的制定和保障下，美国对于这些危险废物相关法律法规的要求及实施，也具有一定的灵活性。如同样是对危险废物处置设施申请许可证的审查，对填埋设施和焚烧设施的审查就有所不同。对危险废物填埋设施，因其建设质量是否符合法律要求，在技术上难以通过建成后的性能测试来检验，因此，法律要求进行过程管理。为此，加州环保局在审查危险废物填埋设施许可证时，投入了大量的人力。在危险废物填埋设施项目的前期就予以介入，并深入到填埋场的设计、施工建造的监管等各个环节，以确保填埋设施的建设质量。过程监管也利于防止在填埋设施建设完毕后，一旦发现不符合环保要求，设施不能投入运行，造成投资损失的现象出现。对危险废物焚烧设施，其建设质量是否符合法律要求，在技术上可以通过建成后的性能测试来检验，因此，法律要求实行结果管理。比如德州环保部门在审查危险废物焚烧设施时，环保部门投入资源不多，其并不介入前期工程设计和建设，仅在设施建成后通过测试设施的焚烧性能，确定设施是否合格。假如测试不合格，风险和损失均由企业承担。结果管理有利于减轻环保部门的负担，其压力和风险主要是在企业层面。通过完善这些有关危险废物的规范，美国在危险废物处置上取得了较大的成果。

在环保执行方面，美国有关危险废物的环保执行部门现已发展得较为完备，各级环保部门人力资源较为充足，分工专业，管理精细。如其关于危险废物填埋许可证的审查部门配有包括填埋设施设计、地质研究、废物分析、空气监测、水质监测等多方面专业的工作人员。这些工作人员具有专门的技能，能够对申请许可证的单位是否符合法定的许可要求做出专业的判断，确保了法律法规的要求真正能够落实到位。

在危险废物管理的技术层面上，美国固体废物管理中有着明确的技术路线，即按照优先顺序分别为固体废物的源头减量(抑制产生)、固体废物的资源化再生(包括物质再生和能量再生)、固体废物的最终处置(即在不得已条件下的妥善或者合理处置)，而固体废物管理的主要目标是固体废物产生的减少率和固体废物的回收再生率。美国具有较完善的固体废物管理体系，其重点强调的是危险废物全过程管理理念和地下贮存等最终处置技术的限制性原则[5]。

危险废物在不同企业之间流动时要追踪管理是各国危险废物"从摇篮到坟墓"全过程管理的通行做法。在美国不论是危险废物产生企业，还是危险废物处理处置企业，危险废物在本企业内部流动也要追踪管理。在每个危险废物处理处置单位，内部都有一套危险废物追踪系统(如条形码系统，每桶或每批废物均有唯一的条形码)，用以追踪危险废物在企业内部的流程。如美施威尔集团(M＋W)公司的填埋场将填埋场分为若干单元，对各单元所填埋的危险废物的种类、数量均记录在案并依法保存。位于德州作为危险废物生产者的道化学公司(Dow Company)，建立了一套危险废物管理信息系统，一是为每一类危险废物建立了档案，包括产生工艺和其产生部门，物理化学性质和组成，主要处理处置工艺及主要处理处置单位的信息，二是对所产生的每一笔危险废物进行追踪管理，防止非法流失[6]。

1.1.2 欧盟

同美国一样，欧洲发达国家在30多年前就已开始开展危险废物的管理，其积累的经验同样值得我国借鉴。

在危险废物管理原则方面，依据废物产生过程，主要欧盟国家的危险废物管理主要基于废物预防、回收与循环利用、加强最终处置和监控三个原则：废物预防是任何废物管理战略的核心要素，即在第一时间减少废物产生量，并通过减少其中危险物质来降低废物的危险性，这样最终处置就会相对容易；在回收与循环利用方面，欧盟确定了几类重点废物的回收利用，包括包装废物、报废汽车、电池和电子电气废物等，欧盟指令要求所有成员国必须制定废物收集、回收、循环利用和处置的法规；在加强最终处置和监控方面，如果可能，需对那些不能回收或循环利用的废物进行安全焚烧，在没有其他选择的情况下要进行填埋，且所有过程都要进行严格监控。

在危险废物管理措施方面，欧洲发达国家危险废物管理制度经过多年的发展，形成了一套法律健全、管理方法较为完善的机制，具有鲜明特点，突出表现在两个方面：第一，欧盟的废物管理目标非常具体和明确；第二，欧盟的废物管理思想发展很快，确保了欧盟的废物管理政策和法律具有先进性。以下从法律法规体系、分级管理、统计制度和登记方式三个方面对其进行详细介绍。

(1) 法律法规体系

欧盟国家在经历上世纪五六十年代一系列的污染事件后，认识到了危险废物管理的重要性，出台了危险废物管理法规，逐步形成了一套完整的危险废物管理法律法规体系。《欧洲废物名单》(理事会 2001/573/EC 号决议)是欧盟固体废物分类方法的主要依据之一，该名单共列举了 839 种固体废物，其中包括了 405 种危险废物。《欧洲废物名单》是欧洲通用的固体废物分类体系。欧盟委员会规定，从 2002 年开始，所有的欧盟成员国必须将《欧洲废物名单》纳入各自的相关法律、法规。其他一些法规、标准和有关政策如下表所示。

表 1.1-1 欧盟固体废物处置相关法规、标准和有关政策(部分)

序号	名称	文号	颁布时间
	《关于危险废物的指令》	91/689/EEC	1991 年
	《欧洲废物名单》	理事会 2001/573/EC 号决议	2001 年
	《关于综合污染预防和控制指令(IPPC)》	96/61/EC	1996 年
	《关于废物焚烧的准则》	2000/76/EC	2000 年
	《废物准则》	2006/12/EC	2006 年
	《关于废物填埋的指令》	1999/31/EC	1999 年
	其他欧盟框架性法律		
	《关于废物在欧共体内运输及进出欧共体的监控的法规》	93/295/EEC	
	《关于缔结巴塞尔公约的决定》	93/98/EEC	
	《关于废物运输控制程序的法规》	1999/1547/EC	

其中，1996 年欧盟委员会颁布的《关于综合污染预防与控制指令(IPPC)》先后经历了 4 次修订。2010 年将现有的关于工业排放的 7 个指令，即 IPPC 指令、大型燃烧装置指令、废物焚烧指令、溶剂排放指令和 3 个钛白粉指令整合成一个指令，升级为“工业排放指令(IED)”(2010/75/EU)。该工业排放指令旨在最大限度减少欧盟范围内各种工业源的污染，涉及能源产业、金属生产和加工、采矿、化工、废物处理等多个行业。

《关于废物焚烧的准则》将焚烧需获得经营许可证的情况从废物单独焚烧扩大到与其他燃料混合焚烧，并规定了排放限制[7]。

(2) 分级管理

欧盟国家从危险废物的危害特性和含量两个方面划定了不同的等级，并对各个等级采取不同程度的管理措施。参照巴塞尔公约的体系，运用环境风险与安全评价的方法，欧盟详细定义了危险废物的 14 种特性：H1 爆炸性，H2 氧化性，H3A 极易燃性，H3B 易燃性，H4 刺激性，H5 有害，H6 有毒，H7 致癌性，H8 腐蚀性，H9 感染性，H10 致畸性，H11 致突变性，H12 与水、空气或酸接触产生剧毒或有毒气体的物质或混合物，H13 经处置后能以任何方式产生具有上述任何特性的另一种物质(如渗滤液)，H14 生态毒性。然后根据特性，欧盟也利用风险评价的方法相应地划分了等级。此外，欧盟对危险废物含量的鉴别标注也划定了等级，如毒性含量分级。

(3) 统计制度和登记方式

欧盟国家十分重视危险废物统计，各成员国在履行欧盟法律的同时，均有自己不同的管理制度。如德国有《固体废物循环经济法》《环境统计法》《废物登记管理条例》等一些危险废物统计管理的相关法规；英国有《化学物质管理规定》《特别废物管理规定修正案》《危险废物法规》等。另外，英国危险废物的登记方式有很多，如网上登记、存盘登记等，信息化水平比较高。相对而言，我国危险废物登记的途径少、信息化程度低、便利性差，需要提高可操作性和有效性。

在欧盟成员国家中，德国是较早注意固体废物管理的国家之一。1972 年德国颁布了《废弃物管理法》，第一次在全国范围内对废物处理进行了统一规范。随后，危险废物的管理体制也在不断发展以适应新的时事变化。20 世纪 80 年代初，随着各项法律法规的不断完善，政府开始鼓励各州的管理部门与私人企业共同组建工业危险废物管理系统。到了 20 世纪 90 年代，由于危险废物处置在经济性与处置技术方面的良性化发展，加之 1997 年新《循环经济法》的实施，大多数处置企业开始了私有化进程，政府相关部门逐渐退出合营企业，从而向审批、监督和管理的角色转变。至今，德国几乎所有的危险废物处置企业都已经完成投资、计划、运行的私有化，政府相关环保部门则每年制定本地危险废物管理规划书，对于本地工业危险废物从源头到最终处置进行严格审批和监控，同时协助危险废物产生企业和处置企业，在减少废物产生、回收利用和无害化处置等方面的工作。危险废物在德国是“需要特别监督管理的废物”，其收集、运输及处理过程中始终贯彻“六联单”制度，对危险废物处理全过程进行记录，并最后存档。通过这样的方式对危险废物“在特殊监督管理下”“实现全过程监督”，保证废物被回用或者处置，防止其对环境造成污染[8]。

以汉堡市为例，汉堡市环保局负责汉堡市所有危险废物的监督管理，在危险废物的管理上有一套完整的监督管理运行体系，且有危险废物监督管理的计算机系统。类似于我国的“危险废物经营许可证”，在德国，一个有危险废物的企业在处理其危险废物前必须要有证明。这个处理证明由两大部分组成:第一大部分由产生危险废物的企业填写,第二大部分由处理危险废物的企业填写。通常有危险废物的企业要自己寻找处理危险废物的企业并直接交钱给该处理企业。通常固体废物的处理途径为:危险废物产生者——运输者——处理者(处理证明)。值得一提的是,对于危险废物产生量较少的单位(少于 20 t/a),由一个有收集处理证明的收集者负责对多个单位的危险废物收集,由该收集者负责寻找固体废物处理企业。其处理途径为:收集者—处理者。这种情况通常是收集者与危险废物企业之间有接受证明[9]。

1.1.3 日本

相较于欧美发达国家,日本对危险废物的管理虽只经历了 20 多年的发展,但因其与我国在地域和生产生活方式等各方面具有更多的相近性,其危险废物污染防治方面的经验,尤其是危险废物综合利用管理的经验,更值得我们去汲取。

日本从 1993 年开始实施相当于环境宪法的《环境基本法》。为了改变传统社会经济发展模式,建立"循环性社会",日本于 2000 年通过了《促进循环性社会基本法》,并下设《废弃物处理法》和《资源有效利用促进法》这两部综合法[10]。

日本的危险废物分为特别管理一般废物与特别管理工业废物两种,与其他废物不同的是,特别管理工业废物从排放阶段起到进行分类、收集、搬运、再生、处置等程序的处理,其管理方式也得到强化。具体的强化管理措施包括,排放机构有作为特别管理工业废物责任者的义务;设立特别管理工业废物的收集搬运业、处理处置业的许可制度;特别管理工业废物的保管标准以及处理标准,与其他废物不同等。

随着最终处理设施(填埋场)残余容量的减少以及填埋年限的缩短,日本逐渐推进了固体废物的再生利用政策。日本在危险废物产生的同时,就明确了管理的方向性,即不仅仅局限于危险废物产生后的管理,其各种产业社会活动(即原料加工、组装等)、生产过程也予以考虑,最后从回收、资源化的角度探讨其管理对策。其中,对于危险废物的管理而言,危险废物产生后的回收、资源化过程是最重要的。

在上文提及的两类特别管理废物中,特别管理工业废物在保管、收集运输、中间处理、再生、最终处理过程中,均必须遵循相应标准。同时,特别管理工业废物的搬运或者处理需要委托他人进行,并制定有相应的委托标准。

1.1.4 总结

通过研究发达国家的危险废物管理,总结出危险废物利用处置和管理方面的几点经验：

第一，危险废物的管理应遵循减量化、资源化和无害化的基本思路。针对整个危险废物系统而言，应在无害化的基础上，尽量做到资源化；针对企业管理而言，则应在无害化的基础上，尽量做到减量化。从危险废物的产生到最终处置的全过程监管应引起企业和管理部门的重视，目前国际上比较先进的做法是促使危险废物产生者树立终身责任制的意识，即产生者的责任从危险废物产出开始，直到生命终结而进行的最终处置。

第二，建立危险废物循环利用的政策体系支撑。危险废物的循环利用是优化危险废物管理的重要手段，但是由于危险废物循环利用的特殊性以及对二次污染的控制，危险废物的循环利用需要完善的政策体系和相关技术规范支撑。因此，完善的政策规范体系是危险废物循环利用得以开展的重要保障，更要加强对法律法规实施指南的研究。我国与发达国家的差距主要在法律制度实施的层面，因此，建议加快研究和制定指导相关法律法规实施的指导性文件或手册。

第三，引导基层危险废物管理部门职能转型。危险废物的高危险性决定了危险废物监管的高技术性，针对目前企业危险废物管理薄弱的问题，基层危险废物管理部门应更多地定位为技术服务和指引，通过对政策研读，指导和协助危险废物产生单位提高自身的危险废物管理能力，做好辖区内危险废物处理和处置规划，完善危险废物贮存和处置的配套设施及能力建设。逐步建立专职的危险废物许可证审查队伍。许可证制度是危险废物管理的核心制度之一。为保证危险废物许可证的审查质量，环保部门应加快培养和建立比较稳定的包括地质、地下水、处置设施、监测、环境管理等方面在内的专家队伍，以提供切实有力的技术支持，长远而言，应当建立专职危险废物许可证审查队伍[11]。

第四，提高危险废物处理处置技术水平。针对企业和所在区域的特点，制定因地制宜的危险废物处理和处置技术；加强危险废物处理处置技术研发，积极引进国外先进的危险废物处理处置技术，形成具有区域特色并兼具国际先进水平的危险废物处理处置体系。

1.2 国内危险废物管理制度

我国现行的危险废物管理体系（表 1.2-1）主要是由各种法律、法规、标准等构成的。有关危险废物管理的法律是在《中华人民共和国宪法》和《中华人民共和国环境保护法》的指导下，以《中华人民共和国固体废物污染环境防治法》为基本法（下文表 1.2-2 和表 1.2-3 分别列出了部分国家级的法律法规及政策和标准规范),同时还有有关地方制定的危险废物管理行政法规、地方标准、规划等。

表 1.2-1 我国危险废物的管理结构

管理机构	国家生态环境部土壤环境管理司; 省级和地市级固体废物管理中心
危险废物相关法律法规	
危险废物相关标准规范	
地方制定的危险废物管理行政法规、地方标准、规划等	

对于危险废物的管理,我国总体起步较晚,1994 年 3 月我国政府通过了《中国 21 世纪议程——中国 21 世纪人口、环境与发展白皮书》,其中第 19 章中明确提出危险废物处置与管理的目标,即建立科学的固体废物和危险废物管理机构;开展危险废物管理技术、废物最小量化技术、资源化技术和处理处置工程技术研究,建设安全填埋场、焚烧厂等示范工程;提高管理能力,贯彻实施《巴塞尔公约》。1990 年我国签署了《巴塞尔公约》,该公约的准备协商和签署过程实际上也是我国对危险废物管理的认识过程。

《中华人民共和国固体废物污染环境防治法》(以下简称《固废法》)由第八届全国人民代表大会常务委员会第十六次会议通过,1995 年 10 月 30 日中华人民共和国主席令第 58 号公布,并于 1996 年 4 月 1 日起开始实行,在法律层面填补了对固体废物污染控制管理的空白,也是国家第一次从法律层面对危险废物处理行业进行管理的文件,是为防治固体废物污染环境,保障人体健康,维护生态安全,促进经济社会可持续发展而制定的法律。2004 年《固废法》第一次修订,明确国家对固体废物污染环境防治实行污染者依法负责的原则,规定产品的生产者、销售者、进口者、使用者对其产生的固体废物依法承担污染防治责任。2013、2015 和 2016 年的三次修订分别对原《固废法》的第四十四条、第二十五条和第五十九条条款进行了具体修改。修订后的《固废法》中对于危险废物污染环境防治做出了特别规定,覆盖了危险废物各个阶段的管理要求,如:国家危险废物名录的制定、统一的危险废物鉴别标准、鉴别方法和识别标志;规定对危险废物的容器和包装物以及收集、贮存、运输、处置危险废物的设施、场所必须设置危险废物识别标志;规定产生危险废物的单位,必须按照国家有关规定制定危险废物管理计划,并向所在地县级以上地方人民政府环境保护行政主管部门备案;规定产生危险废物的单位,必须按照国家有关规定处置危险废物;规定转移危险废物的,必须按照国家有关规定填写危险废物废物转移联单,并向危险废物移出地和接受地的县级以上地方人民政府环境保护行政主管部门报告。

1.2.1 关于危险废物的法律法规及政策

以《固废法》为基础，由相关行政法规部门规章标准规范及规范性文件相配套的危险废物污染防治法律法规体系基本形成。表 1.2-2 列出了国家层面上危险废物管理的相关法律法规及政策。2001 年 12 月由国家环境保护总局、国家经济贸易委员会、科学技术部联合发布的《危险废物污染防治技术》，提出了危险废物的产生、收集、运输、分类、检测、包装、综合利用、贮存和处置处理等全过程污染防治的技术选择，用以指导相应设施的规划、立项、选址、设计、施工、运营和管理，引导相关产业的发展。该规范在 2013 年进行了修订并发布了征求意见稿，增加了鼓励危险废物优先再利用、开展利用其他废物处理设施或工业窑炉共处置危险废物的研究和示范等相关内容。2012 年环境保护部、国家发展和改革委员会、工业和信息化部以及卫生部联合编制了《"十二五"危险废物污染防治规划》，用以统筹推进危险废物焚烧、填埋等集中处置设施建设。该规划鼓励跨区域合作，集中焚烧和填埋危险废物；鼓励大型石油化工等产业基地配套建设危险废物集中处置设施；鼓励使用水泥回转窑等工业窑炉协同处置危险废物[12]。

表 1.2-2 国家层面危险废物管理的法律法规及政策

序号	名称	文号	备注
1	《中华人民共和国固体废物污染环境防治法》	中华人民共和国主席令第 31 号	2005 年 4 月 1 日起实施（2016 年 11 月 7 日修订）
2	《国家危险废物名录》	环境保护部等部令 第 39 号	2016 年 8 月 1 日起实施
3	《危险废物经营许可证管理办法》	中华人民共和国国务院令(第 408 号)	2004 年 7 月 1 日起实施
4	《危险废物转移联单管理办法》	国家环境保护总局令第 5 号	1999 年 6 月 23 日起实施
5	《中华人民共和国环境保护法(修订版)》		2015 年 1 月 1 日起实施
6	《中华人民共和国环境保护税法实施条例》		2018 年 1 月 1 日起实施
7	《危险废物污染防治技术政策》	环发〔2001〕199 号	于 2013 年进行了修订
8	《"十二五"危险废物污染防治规划》	环发〔2012〕123 号	

此外，《国家危险废物名录》(以下简称《名录》)于 2016 年 3 月 30 日由环境保护部部务会议修订通过，原环境保护部、国家发展和改革委员会发布的《国家危险

废物名录》(环境保护部、国家发展和改革委员会令第 1 号)同时废止。与原《名录》相比,新版在前言、危险废物种类、“*”注释等方面均有调整及改变。此外,《名录》增加了《危险废物豁免管理清单》,对废弃危险化学品采用《危险化学品目录》按危险废物进行管理。在危险废物管理思路上,此次修订坚持问题导向,以实现危险废物精细化管理为目标。危险废物的种类和性质千差万别,污染特性差异极大,采用单一的管理手段难以达到有效控制污染的目的。危险废物管理应以环境风险控制为原则,采用全过程控制和分类管理手段,防止和抑制其对环境和人体健康的危害。本次《名录》修订新增的《危险废物豁免管理清单》,也将作为后续《名录》修订的重点内容,逐步推动危险废物实现精细化管理[13]。

为了加强危险废物收集、贮存和处置经营活动的监督管理,防止危险废物污染环境,在《固废法》的基础上,制定了《危险废物经营许可证管理办法》于 2004 年 7 月起施行。危险废物经营许可证按照经营方式,分为危险废物收集、贮存、处置综合经营许可证和危险废物收集经营许可证。领取前者许可证的单位,可以从事各类别危险废物的收集、贮存、处置经营活动;而领取后者许可证的单位只能从事机动车维修活动中产生的废矿物油和居民日常生活中产生的废镉镍电池等危险废物收集经营活动。在管理办法中,获得危险废物经营(收集)许可证的条件和程序也都作出了详细说明。

在危险废物的转移方面,为了加强对其有效监督,国家在 1999 年出台了《危险废物转移联单管理办法》,对危险废物转移联单的申领、填写、运行、报送以及按照存档期限保管等作出了相关的规定。危险废物转移联单由国务院环境保护行政主管部门统一制定。联单共分五联,颜色分别为:第一联,白色;第二联,红色;第三联,黄色;第四联,蓝色;第五联,绿色。联单编号由十位阿拉伯数字组成,第一位、第二位数字为省级行政区划代码,第三位、第四位数字为省辖市级行政区划代码,第五位、第六位数字为危险废物类别代码,其余四位数字由发放空白联单的危险废物移出地省辖市级人民政府环境保护行政主管部门按照危险废物转移流水号依次编制。联单由直辖市人民政府环境保护行政主管部门发放的,其编号第三位、第四位数字为零。

随着信息技术的发展和互联网的普及,我国北京、上海、江苏等近十个省市开始实行危险废物电子转移联单。电子转移联单的使用显著提升了转移运行效率和监管工作成效,但电子转移联单的法律地位尚不明确。2017 年 12 月 21 日,国家环境保护部办公厅(现为国家生态环境部办公厅)发布《关于征求〈危险废物转移管理办法(修订草案)(征求意见稿)〉意见的函》(环办土壤函〔2017〕1986 号)。根据《危险废物转移管理办法(修订草案)(征求意见稿)》第十八条

"危险废物转移联单采用电子转移联单转移危险废物的，应当通过国务院环境保护主管部门建立的危险废物电子转移联单信息管理系统(以下简称"信息系统")运行电子转移联单。省级环境保护主管部门建设的信息系统应当与国务院环境保护主管部门建立的信息系统对接，实现数据的互联互通。暂不具备电子转移联单运行条件时，可以使用纸质转移联单。危险废物转移联单格式见附表，由设区的市级环境保护主管部门印制"。《修订草案(征求意见稿)》特别做出规定，要求危险废物电子转移联单运行过程中须打印出纸质的联单随车运行，以便当出现突发意外事故、信息系统损坏或者不具备联网信息查询条件等情况时，可以通过随车纸质联单及时提供所转移危险废物的有效信息，从而满足应急处置需求；纸质联单也可为交通、公安部门监管人员以及非专业人员提供必要的参考信息，符合危险废物"全过程管理"的原理要求。危险废物电子转移联单是危险废物转移管理的发展趋势，新的纸质电子联单已不再是五联单。同时，危险废物转移联单的编码也发生了变化。"危险废物转移联单实行全国统一编号。编号由十四位阿拉伯数字组成。第一至四位为年份代码；第五、六位数字为移出地省级行政区划代码；第七、八位数字为移出地市级行政区划代码；其余六位数字以移出地市级行政区为单位进行流水编号。"

值得一提的是，《中华人民共和国环境保护税法实施条例》(以下简称"《条例》")自 2018 年 1 月 1 日起与《中华人民共和国环境保护税法》同步施行。《中华人民共和国环境保护税法》于 2016 年 12 月 25 日第十二届全国人民代表大会常务委员会第二十五次会议通过，自 2018 年 1 月 1 日起施行。这部法律对于保护和改善环境、减少污染物排放、推进生态文明建设，具有十分重要的意义。为保障环境保护税法顺利实施，有必要制定实施条例，细化征税对象、计税依据、税收减免、征收管理的有关规定，进一步明确界限、增强可操作性。《条例》对《环境保护税税目税额表》中其他固体废物具体范围的确定机制、城乡污水集中处理场所的范围、固体废物排放量的计算、减征环境保护税的条件和标准，以及税务机关和环境保护主管部门的协作机制等做了明确规定。

1.2.2 危险废物管理相关的标准规范

除了法律法规及政策，诸多的标准规范对我国危险废物的管理也起到了进一步的规范化作用。表 1.2-3 列出了部分危险废物管理相关的标准规范。

表 1.2-3 部分与危险废物管理相关的标准规范

序号	名称	文号	施行时间
1	《危险废物贮存污染控制标准》	GB 18597—2001	2002 年 7 月 1 日
2	《危险废物焚烧污染控制标准》	GB 18484—2001	2002 年 1 月 1 日
3	《危险废物填埋污染控制标准》	GB 18598—2001	2002 年 7 月 1 日
4	《环境保护图形标志 固体废物贮存(处置)场》	GB 15562.2—1995	1996 年 7 月 1 日
5	《固体废物鉴别标准 通则》	GB 34330—2017	2017 年 10 月 1 日
6	《危险废物鉴别标准 通则》	GB 5085.7—2007	2007 年 10 月 1 日
7	关于发布《危险废物经营单位编制应急预案指南》的公告	国家环境保护总局公告 2007 年第 48 号	
8	关于发布《危险废物经营单位记录和报告经营情况指南》的公告	环境保护部公告 2009 年第 55 号	
9	《废铅酸蓄电池处理污染控制技术规范》	HJ519—2009	2010 年 3 月 1 日
10	《危险废物(含医疗废物)焚烧处置设施性能测试技术规范》	HJ561—2010	2010 年 6 月 1 日
11	《危险废物收集、贮存、运输技术规范》	HJ2025—2012	2013 年 3 月 1 日
12	《危险废物鉴别技术规范》	HJ/298—2007	2007 年 7 月 1 日
13	《危险废物处置工程技术导则》	HJ2042—2014	2014 年 9 月 1 日

从表 1.2-3 可以看到，对于危险废物处理和处置的各个过程，国家层面都出台了相关的污染控制标准。2001 年 11 月通过国家环境保护总局批准的《危险废物贮存污染控制标准》规定了对危险废物贮存的一般要求，以及对危险废物的包装、贮存设施的选址、设计、运行、安全防护、监测和关闭等的具体要求；1999 年 12 月发布的《危险废物焚烧污染控制标准》从危险废物处理过程中环境污染防治的需要出发，规定了危险废物焚烧设施场所的选址原则，以及焚烧基本技术性能指标、焚烧排放大气污染物的最高允许排放限制、焚烧残余物的处置原则和相应的环境监测等。2001 年 11 月 26 日被批准的《危险废物填埋污染控制标准》对危险废物完全填埋场在建造和运行过程中涉及的环境保护要求，包括填埋场入场条件、填埋场选址、设计、施工、运行、封场及监测等方面做了规定。此外，对于固体废物贮存(处置)场所的环境保护图形标志，国家也早在 1995 年出台了相应的标准，规定了一般固体废物和危险废物贮存、处置场环境保护图形标志及其功能，适用于环境保护行政主管部门对固体废物的监督管理。

为了贯彻落实《固废法》关于“产生、收集、贮存、运输、利用、处置危险废物的单位，应当制定意外事故的防范措施和应急预案”的规定，指导危险废物经营单位制定应急预案，有效应对意外事故，国家环境保护总局于 2007 年制定了《危险废物经营单位编制应急预案指南》，涵盖了制定应急预案的原则要求、基本框架、保证措施、编制步骤、文本格式等，用于指导危险废物经营单位制定应急预案，有效应对意外事故。

我国固体废物处置的原则是减量化、再利用、资源化和无害化。危险废物处理处置技术按废物最终去向可分为处理技术和处置技术，按处置工艺可分为物理技术、化学技术、生物技术及其混合技术等；按处置方法可分为焚烧技术、非焚烧技术、填埋技术、固化/稳定化技术等；按处理处置的废物类型进行分类，有危险废物处理处置技术和其他特种危险废物处理处置技术等。危险废物的产生与排放会对环境安全与人类健康造成严重的影响，如何建立有效的危险废物处置管理体系是至关重要的。

根据我国的环境统计和申报登记数据，近年来，我国工业危险废物处置的主要方式为综合利用，但是我国危险废物的贮存、利用和处置仍处于一个较低的水平，危险废物无害化利用和处置保障能力不强。主要表现为大型危险废物产生单位配套的危险废物贮存、利用和处置设施不健全，部分危险废物集中处置设施建设进度缓慢；部分利用和处置设施超标排放，鲜有技术和运行管理达到国际先进水平的危险废物利用和处置单位；危险废物利用和处置能力区域不平衡、结构不合理现象比较突出，一些地区能力过剩，一些地区能力不足，某些类别的危险废物利用能力过剩，而另一些类别的危险废物利用和处置能力严重不足。

1.2.3 江苏省危险废物处置与管理制度

危险废物环境管理与循环利用、无害化处置一直是江苏省环境管理工作的重点。2010 年省内颁布了《江苏省固体废物污染环境防治条例》，2012 年省环保厅印发了《关于切实加强危险废物监督工作的意见》，2013 年印发了《国家“十二五”危险废物污染防治规划江苏省实施方案》《江苏省危险废物专项整治方案》，2014 年、2015 年发布了《工业企业危险废物规范化管理实施指南》《关于进一步严格产生危险废物工业建设项目环境影响评价文件审批的通知》《江苏省危险废物集中焚烧处置行业环境管理要求》等文件。省内危险废物环境管理体系基本形成，危险废物全过程监管初见成效，但形势依然严峻。

根据江苏省危险废物动态管理系统网上申报统计，2016 年江苏省产废单位自行利用处置危险废物 263.1 万吨。自行利用处置量较大的危险废物种类是废酸、废碱和焚烧处置残渣，共 189.1 万吨，占全省自行利用处置总量的 71.9%。其中废酸、废碱、焚烧处置残渣的自行利用处置量分别为 158.5 万吨、16.5 万吨、14.1 万吨，分别占全省自行利用处置总量的 60.2%、6.3%和 5.4%。2016 年江苏省经营单位利用处置危险废物 239.0 万吨，占许可证核准量的 22.8%，总体利用率不高。其中，填埋处置危险废物 12.0 万吨，占填埋处置核准量的59.1%；焚烧处置危险废物 23.7 万吨，占焚烧处置核准量的 58.1%。全年经营单位产生次生危险废物 28.2 万吨。

通过梳理总结江苏省危险废物实际情况，可以发现，在危险废物环境管理过程中可能存在的主要问题包括：

(1) 危险废物产生量大，处置能力不足问题突出。现有危险废物焚烧处置能力严重不足，部分地区危险废物处置能力基础薄弱问题没有引起重视，至今没有提出危险废物处置能力建设规划，一些市焚烧处置项目长期得不到落实，还有部分市尚未建设危险废物填埋场。各地多数现有危险废物集中焚烧设施老化严重，难以安全、稳定运行，废气超标排放问题整治不到位。一些地方新建处置项目运行维护能力低，项目建成投运稳定性差，严重影响处置效率。因处置能力不足，危险废物得不到安全处置而超期贮存，积压严重，非法转移倾倒频发，潜在环境安全隐患大。

(2) 企业危险废物规范化管理工作推进乏力。自 2011 年环保部印发《“十二五”全国危险废物规范化管理督查考核工作方案》和《危险废物规范化管理指标体系》以来，经过多轮危险废物专项整治，一些地方产废单位仍然存在出入库台账缺失、记录不全甚至弄虚作假，贮存场所“三防”及标识设置、包装容器标签粘贴及分类贮存不到位等问题，部分企业仍存在危险废物露天存放，环评危险废物错评、漏评问题多，部分危险废物去向不明等问题。各地对危险废物规范化管理工作重视不够，日常监管较为松懈，现场监管不到位。危险废物经营单位经过集中整治后，整体规范化管理水平有所提升，但部分企业还存在未按许可条件处置危险废物等违规经营行为。

(3) 危险废物综合利用水平较低，造成严重的二次污染。目前全省危险废物的预处理水平总体较低，综合利用渠道受限，大量具有循环利用潜力的危险废物难以满足后续利用要求，制约了危险废物的循环化利用途径。

(4) 危险废物现场监管能力薄弱。各地固废管理机构普遍存在管理人员不足现象，特别是区(县)环保部门多数无专职的固废管理机构和人员，监管能力与危险废物环境管理目标任务严重不匹配，危险废物现场监管职责不清，危险废物现场监督不到位、执法不严格等问题突出。

1.3 化工园区危险废物产生、处置和管理现状

1.3.1 我国工业园区的发展

面对资源的日趋短缺，环境生态恶化，工业园区的建设已不能走粗放式的高污染高消耗模式，而是走资源循环、环境生态和谐的可持续发展道路。

我国的工业园区已经历了两个阶段的发展，即第一阶段的“经济技术开发区”和第二阶段的“高新技术产业开发区”，目前正逐渐向第三阶段的生态工业园区转型。第一阶段工业园区为在三大背景的驱动下设立：一是接纳国际资本和产业转移的需要；二是特区成功经验的推广和放大；三是充分发挥沿海港口的优势，将对外开放与发挥国内工业基础相结合的尝试。经济技术开发区主要以劳动密集型企业为主，自改革开放以来，从无到有，从小到大，在产业聚集、集约用地等方面积累了重要经验。第二阶段工业园区以高新技术应用为特征，是以高新技术为基础，从事一种或多种高新技术及其产品的研究、开发、生产和技术服务的企业集合，在一定区域内建立起来的技术密集型开发区，相较第一代工业园区，更注重区域的环境效益，具备更完备的环境治理设施，企业在一定程度上也意识到应该在源头解决环境问题，但缺乏有效的源头污染控制措施。

前两代传统工业园区有一个共同缺点，即园区内各个企业之间彼此独立经营，缺乏资源和能源在企业之间的有效流动和企业之间的相互合作机制，从而导致资源利用效率低下且环境污染严重[14]。自上世纪 90 年代以来，生态工业园（Eco-Industrial Park, EIP）开始成为世界工业园区发展领域的主题。其核心思想是：以现有的工业园区及区域产业发展为基础或新建相对集中的生态工业园，以生态工业学理论与方法为指导，着力于园区内生态链和生态网的建设，使工业生态系统模仿自然生态系统的运行，实现对自然资源的循环利用，减少废物排放，实现社会、经济和环境的可持续与协调发展。因此，生态工业园是在前两类传统工业园区的基础上更高层次的升华和优化。无论是在众多发展中国家如印尼、泰国、菲律宾、南非等，还是在拥有先进环境管理手段的发达国家如丹麦、美国、加拿大等，生态工业园区都已成为传统工业园生态化改造和建设的方向。

1.3.2 我国化工园区简介

在众多工业园区中，目前全国各地围绕发展化学工业而建设的化工园区蓬勃兴起。化学工业依托的载体为作为公司的化工厂，最初这些工厂大都单独建设，随着分散经营引起的重复建设、成本投入大等问题的日益突出，为了加强各化工厂生

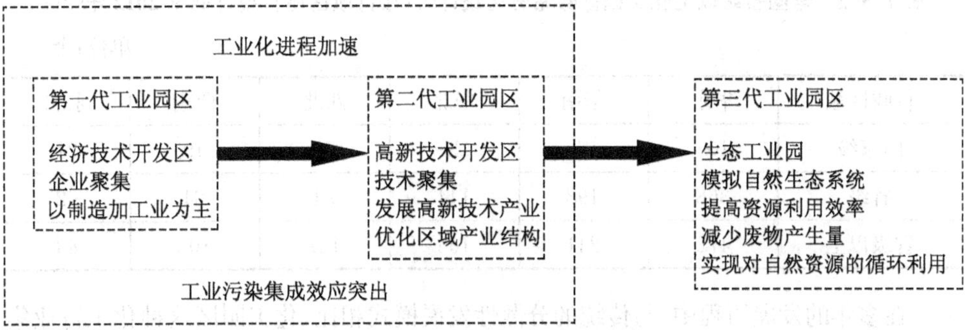

图 1.3-1 工业园的生态化转型[14]

产的上下游产品产业链条的密切联系，整合优化和综合利用化工能量流与物质流，有效促进产品成本及费用的降低，降低对环境的影响，多个化工厂便聚集在一起形成了化学工业园区[15]。化工园区的出现对于促进产业结构调整，提升生产技术水平，改善投资环境、引进外资、发展区域经济，探索和实践新型管理体制和运行机制等，都起到了积极的示范、带动和辐射作用。化工园区作为一种能源循环利用率高、规模经济效益好的发展模式，为推动化工产业及国民经济的发展做出了很大贡献，化工产业园区化已成为推动我国化学工业发展的一大趋势[16]。

在当前社会各种因素的推动下，现有的分散型企业也将陆续转移到化工园区[17]。2008 年，国务院安全生产委员会办公室下发《关于进一步加强危险化学品安全生产工作的指导意见》，要求"新的化工建设项目必须进入产业集中区或化工园区，逐步推动现有化工企业进入园区"。2010 年，国家安全生产监督管理局、工业和信息化部联合发布《关于危险化学品企业贯彻落实〈国务院关于进一步加强企业安全生产工作的通知〉的实施意见》，提出"新建企业必须在化工园区或集中区建设"。国务院安委办 2012 年在《关于进一步加强化工园区安全管理的指导意见》中提出科学规划与建设，从源头上提升园区本质安全水平，建立园区安全生产一体化管理体系，严格园区安全生产监督管理的要求，推动了我国化工园区的进一步发展。

截至 2012 年，我国省级以上化工园区数量已由 2004 年的 72 个增长为 1 185 个(见表 1.3-1)，主要集中在华东、华南地区(见表 1.3-2)。

表 1.3-1 我国省级以上化工园区增长趋势(统计截至 2012 年[18])

年份	2004	2005	2006	2007	2008	2009	2010	2011	2012
省级以上化工园区数量(个)	72	—	60	354	—	—	592	—	1 185

表 1.3-2　全国省级以上化工园区数量分区统计表(按行政区域)(统计截至 2012 年[19])

单位:个

行政区域	华东	华南	华北	西北	西南	东北
国家级	104	43	21	27	19	21
省级	368	198	144	94	84	62
省级以上	472	241	165	121	103	83

在多年的发展历程中,与传统的分散性发展模式相比,化工园区这种化工行业集约化的模式既有着它的优势,也有着不可忽视的弊端:一方面,能够尽可能降低生产成本,使化工物质流与能量流得到综合利用;有利于"三废"(废水、废气、废渣)的集中治理和综合利用;有利于化工产业链的延长以及产品关联度的提高。但另一方面,由于化工园区企业相对集中,危险化学品种类繁多,化工工艺复杂,装置规模巨大,操作条件苛刻,且园区内重大危险源数量大、密度高,安全环保地对整个产业过程中产生的物质进行回收和资源化利用,对废弃物特别是危险废弃物进行处理、处置,成为一个化工园区成败的关键因素之一,不恰当、不合理的处置会对化工园区的健康发展带来极大的阻碍作用。因此,为了实现化工园区的可持续发展,就必须重视环境保护工作[19]。

1.3.3　危险废物的常见处置方式

危险废物(不含医疗废物)常见的利用处置方式见表 1.3-3 和表 1.3-4 所示。为与《控制危险废物越境转移及其处置巴塞尔公约》相对应,废物利用和处置方式的代码未连续编号。其中,利用处置或贮存不包括填坑、填海。

表 1.3-3　危险废物(不含医疗废物)常见利用方式

代码	说　明
R1	作为燃料(直接燃烧除外)或以其他方式产生能量
R2	溶剂回收/再生(如蒸馏/萃取等)
R3	再循环/再利用不是用作溶剂的有机物
R4	再循环/再利用金属和金属化合物
R5	再循环/再利用其他无机物
R6	再生酸或碱
R7	回收污染减除剂的组分
R8	回收催化剂组分
R9	废油再提炼或其他废油的再利用
R15	其他

利用是指从工业危险废物中提取物质作为原材料或者燃料的活动。

表 1.3-4 危险废物(不含医疗废物)常见处置方式

代码	说 明
D1	填埋
D9	物理化学处理(如蒸发、干燥、中和、沉淀等),不包括填埋或焚烧前的预处理
D10	焚烧
D16	其他
C1	水泥窑共处置

处置是指将工业危险废物焚烧和用其他改变固体废物的物理、化学、生物特性的方法,达到减少已产生的工业危险废物数量、缩小工业危险废物体积、减少或者消除其危险成份的活动,或者将工业危险废物最终置于符合环境保护规定要求的填埋场的活动。

其中,填埋法包括场地选择、填埋场设计、施工填埋操作、环境保护及监测、场地利用等几方面。其实质是将危险废物铺成一定厚度的薄层,加以压实,并覆盖土壤。土地填埋法通常又分为卫生土地填埋和安全土地填埋。危险废物的处置通常选用安全土地填埋,这对场地的建造技术要求也更为严格。填埋法与其他处置方法相比,其主要优点是:此法为一种完全的、最终的处置方法,若有合适的土地可供利用,此法最为经济;它不受废物的种类限制,且适合于处理大量的废物;填埋后的土地可重新用作停车场、游乐场、高尔夫球场等。缺点是:填埋场必须远离居民区;回复的填埋场将因沉降而需要不断地维修;填埋在地下的危险废物,通过分解可能会产生易燃、易爆或毒性气体,需加以控制和处理等。

焚烧指焚化燃烧危险废物使之分解并无害化的过程。它是高温分解和深度氧化的综合过程。通过焚烧可以使可燃性的危险废物氧化分解,达到减少容积,去除毒性,回收能量及副产品的目的。危险废物的焚烧过程比较复杂。由于危险废物的物理性质和化学性质比较复杂,对于同一批危险废物,其组成、热值、形状和燃烧状态都会随着时间与燃烧区域的不同而有较大的变化,同时燃烧后所产生的废气组成和废渣性质也会随之改变。因此,危险废物的焚烧设备必须适应性强,操作弹性大,并有在一定程度上自动调节操作参数的能力。一般来说,差不多所有的有机性危险废物都可用焚烧法处理,而且最好是用焚烧法处理。而对于某些特殊的有机性危险废物,只适合用焚烧法处理,如石化工业生产中某些含毒性中间副产物等。焚烧法的优点在于能迅速而大幅度地减少可燃性危险废物的容积。如在一些新设计的焚烧装置中,焚烧后的废物容积只是原容积的 5%或更少。一些有害废物通过焚烧处理，可以破坏其组成结构或杀灭病原菌，达到解毒、除害的目的。此外，通过焚烧处理还可以提供热能。焚烧法的缺点：一是危险废物的焚烧会产生大量的酸性气体和未完全燃烧的有机组分及炉渣，如将其直接排入环境，必然会导致二次污染；二是此法的投资及运行管理费高，为了减少二次污染，要求焚烧过程必须设有控制污染设施和复杂的测试仪表，这又进一步提高了处理费用。

水泥窑共处置（即水泥窑协同处置）：是指在水泥生产工艺中使用工业废物作为替代燃料或原料，消纳处理工业危险废物的方式。

欧洲、美国、日本等发达国家和地区于上世纪 70 年代开始利用水泥窑协同处置固体废物（含危险废物），经过 40 多年的发展，水泥窑协同处置技术已发展为发达国家和地区普遍采用的成熟技术，对水泥工业可持续发展和固体废物处置发挥了重要作用。

长期以来，我国水泥窑协同处置危险废物发展比较缓慢，截至 2016 年底，我国 4 000 余家水泥企业中仅有 24 家企业获得了水泥窑协同处置危险废物经营许可证。近年来，我国持续加大对危险废物非法倾倒、处置的打击力度，陆续出台水泥窑协同处置固体废物标准规范及水泥窑协同处置固体废物污染防治技术政策等，但在水泥企业纷纷上马水泥窑协同处置危险废物项目，数量呈现出爆发式增长态势的同时，环境风险亦日益突出，急需严格审批条件，规范管理。

针对目前我国水泥窑协同处置危险废物经营单位的发展现状、技术特点和存在的主要问题，强化水泥窑协同处置危险废物行业环境监管，按照《危险废物经营许可证管理办法》第五条的有关许可条件，环境保护部编制并发布了《水泥窑协同处置危险废物经营许可证审查指南》，用于指导和规范水泥窑协同处置危险废物经营许可证的技术审查，确保水泥窑协同处置危险废物行业在我国的健康和有序发展。

表 1.3-5 危险废物(不含医疗废物)其他方式

说明	方式
C2	生产建筑材料
C3	清洗(包装容器)

注：医疗废物处置方式包括医疗废物焚烧（Y10）、医疗废物高温蒸汽处理（Y11）、医疗废物化学消毒处理（Y12）、医疗废物微波消毒处理（Y13）和医疗废物其他处置方式（Y16）等 5 种方式。

1.3.4 江苏省化工园区危险废物的产生、处置现状

据调查显示，江苏省内仅南京市一年产生的危险化学废弃物可达 6 万多吨，其

中一半源于化学工业园区。这些危险废弃物除少部分能综合利用外，相当一部分需要通过焚烧来处理。截至 2015 年 8 月底，江苏省环保厅注册登记的有危险废物经营许可证的企业共有 291 家，其中焚烧处置的 21 家、填埋处置的 6 家。南京有资质的危险废物处置企业数量及处置能力有限，园区内五分之三的企业产生的危险废弃物均为贮存待处置状态，虽未发生污染事故，但仍存在潜在危险。

从全省层面来看，化工园区产生的危险废物数量较多，成分复杂，危害性大，一直是省内环境保护监管重点。近年来，虽然不断加大化工园区的环境整治力度，但环境问题仍然突出，特别是沿海化工园区危险废物非法转移、填埋现象时有发生，严重影响了环境安全和群众健康。2014 年开始在沿海化工园区开展的环保专项整治工作，取得了一定成效，但整治期间现场调查结果仍表明：危险废物应是沿海化工园区重点关注的环境问题之一。

我省 14 个沿海化工园区分布在沿海三市：南通、连云港和盐城。14 个沿海化工园区总占地面积达 119.61 km^2，2017 年共实现工业产值约 1 650 亿元。沿海化工园区入驻化工企业共计 684 家，主要行业为化学原料制造、农药生产、医药生产、精细化工、染料生产、颜料生产等。2017 年，14 个沿海化工园区产生危险废物共计 33.45 万吨，其中南通 6 个化工园区危险废物产生量约 15.68 万吨，盐城 4 个化工园区危险废物产生量约 7.72 万吨，连云港 4 个化工园区危险废物产生量约 10.45 万吨。沿海化工园区危险废物主要类别包括：滤渣、蒸馏残渣、废盐、农药废物、废有机溶剂、废酸、废催化剂、废活性炭、过滤残渣、污水处理污泥、焚烧飞灰等。

(1) 南通沿海化工园区

南通市 6 个沿海化工园区分别为海安精细化工园区、如皋港经济开发区、如东沿海经济化工园区、海门灵甸工业集中区、启东滨江精细化工园区和南通经济技术开发区沿海化工片区。

以危险废物产生量最多的南通经济技术开发区沿海化工片区为例，该化工片区位于南通市南部，规划建设传统特色、出口加工、纺织纤维、化学工业、船舶配套、表面处理等六大工业园区。南通经济技术开发区沿海化工片区包括化工北区和化工南区，总用地规模 11.27 km^2，其中化工北区 2.77 km^2，化工南区 8.50 km^2，已开发面积共 10.77 km^2，2017 年沿海化工片区规模以上化工企业工业总产值 291.6 亿元，工业增加值 72.9 亿元。沿海化工片区内现有企业 73 家，其中化工企业 59 家，目前已形成了三大合成材料和五大工程塑料产业群、新型农药产业群、高附加值的精细化工产业群。2017 年，沿海化工片区危险废物产生总量约为 7.48 吨，主要是蒸馏残渣、污水处理污泥、废有机溶剂、废有机树脂等，利用处置量为 7.45 万吨，期末累计库存量为 0.69 万吨。沿海化工片区内建有固废处理厂，采用焚烧工艺处理开发区和南通市危险废物和医疗废物，一期工程设计 30 000 t/a 工业和危险废弃物(采用回转窑焚烧工艺)、3 300 t/a 医疗废物(采用高温蒸煮工艺)处置装置，已正式投入运营；二期工程设计 30 000 t/a 工业和危险废弃物焚烧装置。

(2) 盐城沿海化工园区

盐城 4 个沿海化工园区分别为大丰港石化新材料产业园区、阜宁澳洋工业园化工片区、江苏滨海经济开发区沿海工业园区、江苏响水生态化工园区。

以危险废物产生量最多的江苏滨海经济开发区沿海工业园区为例，该化工园区坐落于滨海滨淮镇头罾村，成立于 2002 年，规划面积 16.2 km^2，建成面积 11.5 km^2。2017 年园区内化工企业实现工业总产值 190.3 亿元，工业增加值 44.5 亿元。园区现有企业 118 家，化工在产企业 100 家，停产 8 家，化工在建 2 家，非化工生产企业 8 家(化工仓储企业 1 家，轻工企业 1 家，基础设施企业 6 家，其中规上企业 2 家)。2017 年园区危险废物实际产生约为 3.83 万吨，利用处置 3.48 万吨，期末累计库存量约为 2.83 万吨，主要为精(蒸)馏残渣(液)、污泥、废活性炭、废包装袋、废盐、灰渣等。园区危险废物焚烧依托盐城市沿海固体废料处置有限公司，已建成焚烧设施规模为 33 500 t/a，其中一期 6 000 t/a 焚烧炉、二期 7 500 t/a 热解炉焚烧装置已建成投运，三期 20 000 t/a 回转窑焚烧装置已投运，四期 25 000 t/a 回转窑焚烧装置正在申报手续。园区危险废物填埋依托光大环保(盐城)固废处置有限公司，总填埋库容 65.4 万 m^3，有效库容为 60 万 m^3，规划填埋规模为 3 万 t/a，该填埋场已建成。

(3) 连云港沿海化工园区

连云港 4 个沿海化工园区分别为江苏连云港化学工业园区、灌云县临港产业园区、连云港徐圩新区化工园区、江苏柘汪临港产业区区。

以危险废物产生量最多的江苏连云港化学工业园区为例，该园区位于连云港市灌南县堆沟港镇，成立于 2003 年，规划面积 21.6 km^2、实际开发面积 9.72 km^2，2017 年园区实现总产值 183.9 亿元，工业增加值 34.44 亿元。园区共有化工企业(含在建)84 家，规模以上化工企业(含在建)78 家。园区 2017 年度危险废物产生量10.53 万吨，主要类别有蒸馏残渣、污泥、废活性炭、废盐、废液、滤液、滤渣、生产残渣、废催化剂、飞灰、残渣、废包装袋、废包装桶等。企业自行处置量 4.21 万吨，主要类别有:蒸馏残渣、污泥、废活性炭、废液等。园区危险废物集中处置单位有 3 家，分别是连云港赛科废料处置有限公司、灌南金圆环保科技有限公司和江苏仁欣环保科技有限公司。赛科废料和金圆环保两家公司主要处置可焚烧类危险废物，赛科危险废物经营许可证核发处置量 1.8 万 t/a，金圆一期项目于 2017 年 11 月拿到危险废物经营许可证，核发处置量 2 万 t/a，金圆二期项目年处理 1 万吨危险废物，正在建设中，计划 2018 年底建设完成。江苏仁欣环保科技有限公司主要处置废酸类危险废物，危险废物经营许可证核发处置量 27.14 万 t/a。

考虑到沿海化工园区在全省化工园区中具有一定的代表性，通过分析全省 14 个沿海化工园区危险废物利用处置及管理现状，总结分析出化工园区危险废物利用处置及管理方面可能存在的主要问题有：

- 企业层面源头削减和过程控制不力，园区危险废物缺乏有效的综合利用途径，综合利用率较低，因预处理水平低，大量低浓度废酸、含杂质废盐难以满足后续利用要求，综合利用存在政策障碍和技术瓶颈。
- 园区集中处置能力不足，园区危险废物处置中心未建设或正在建设，园区实际处置需求与现有能力矛盾日趋突出，危险废物缺乏转移去向，大量超期贮存现象普遍存在，违规转移倾倒现象时有发生。
- 企业危险废物贮存场所建设不规范，危险废物包装、标识、堆放不规范，二次污染控制和安全设备不完善，规范化管理程度不高。
- 园区内危险废物处理处置要求未列入区域环保准入刚性条件，园区管理机构未建立统一的危险废物收集、贮存、运输、综合利用和安全处理的运营管理体系，未建立园区统一的危险废物处置途径和台账。

1.4 化工园区危险废物管理趋势

1.4.1 化工园区的管理模式

国外建设化工园区主要表现出以下七个方面的特征[20]：园区建设的大规模化、化工装置的优化配置、园区的外部环境优越、园区内的建设一体化、园区之间的资源共享、强调绿色供应链管理、与研究机构密切合作。

我国化工园区的管理模式可归纳为政府型、协作型、公司型三种。

(1) 政府型管理模式，也即行政主导型模式。该模式包括“纵向协调型”和“集中管理型”两种。前者由所在城市的政府全面领导园区的建设与管理，管委会只负责在各部门之间进行协调，不直接参与开发区的日常建设管理和经营管理。后者由政府在园区设立专门的机构——管委会全面管理园区的建设和发展，具有较大的经济管理权限和相应的行政职能。

(2) 协作型(也称混合型)的管理模式，该模式包括“政企合一型”和“政企分开型”两种。前者就是在管委会下设一个开发公司，管委会负责决策、职能管理以及服务性工作，开发公司则负责基础设施建设，国内采用此类管理模式的有南通开发区等；后者是管委会行使政府监督协调管理职权，开发公司作为独立法人自我管理，实现政府行政权与企业经营权的分离，“政企分开型”也是我国大多数园区所采用的方式。

(3) 公司型(或企业型)管理模式。该模式以开发公司作为园区的开发者与管理者，开发公司既承担了部分政府职能，又实行承包经营，并直接向所在地区政府负责[21]。当前在县、乡(镇)级的开发区和高新区中使用的较多，为目前我国大多数开发区所采用。

以苏州工业园区为例，园区层面也出台了相应的管理规范。为了加强苏州工业园区的环境管理，防治危险废物污染环境，合理利用资源促进经济持续发展，根据《固体废物污染环境防治法》等法律法规，结合苏州工业园区具体情况，制定了《苏州工业园区危险废物污染防治办法(试行)》(1997 年 11 月 27 日苏园管〔1997〕40 号文)。该办法对园区内危险废物的防治规划及技术规范、危险废物的存放管理、危险废物的运输管理、危险废物的处置等方面均进行了相应的规定。在污染防治规划及技术规范方面，园区鼓励、支持开展清洁生产、减少危险废物的产生，鼓励对废弃物的综合利用，支持企业回收使用可再利用的物品。在危险废物的存放管理方面，规定凡产生危险废物的，均需按园区环保部门的有关规定配置合适的存放和(或)预处理设施，其存放场所需有足够的存放容量，并须采取加盖密闭及必要的防溢、防渗、防腐蚀、防爆等措施；产生危险废物的单位须按园区环保部门的有关规定建立危险废物管理档案，定期报园区环保局。在危险废物的运输管理方面，规定凡在园区内从事危险废物运输服务的单位均须向园区环保局申请，获得危险废物运输许可证后方可经营；严禁无证经营及超范围、超期限经营；园区对危险废物的运输实行“五联单”管理，由产生单位、运输单位、接收单位填写相应单据后按要求保存并在规定的时限内呈送园区环保局备案；园区严格限制危险废物的转移，禁止将危险废物交给无危险废物运输许可证的单位和个人收集、运输等。

1.4.2 化工园区危险废物管理趋势

结合本章 1.3 节结尾提出的我国化工园区危险废物管理存在的问题，在调研收集整理资料的基础上，本节对化工园区危险废物管理的发展趋势进行分析。

(1) 促进企业清洁生产，实现废物减量化。随着危险废物污染问题日益突出，以循环经济理念来开展清洁生产审核是实施清洁生产的重要手段。随着社会的发展将通过经济手段和政策措施从源头控制危险废物污染，鼓励企业进行清洁生产，尽可能防止和减少危险废物的产生。对使用有毒有害原材料进行生产或者在生产中排放危险废物的企业，将依法定期实施清洁生产审核，并将审核结果报告市、区县人民政府环境保护行政主管部门和经济贸易行政主管部门。规划经济布局，适时制定并发布本市限期淘汰的生产技术、工艺、设备以及产品的名录，对浪费资源和严重污染环境的落后生产技术、工艺、设备和产品实行限期淘汰制度。积极引导企业在资源和废物综合利用等领域进行合作，实现资源的高效利用和循环使用。同时政府部门应设立专门的科研基金，鼓励企业和高校及科研院所研究开发资源综合利用的新技术。

(2) 针对园区集中处置能力不足、危险废物缺乏转移去向、违规转移倾倒现象时有发生、大量超期贮存普遍存在等问题，建设园区危险废物处置中心，以解决园区实际处置需求与现有能力之间日趋突出的矛盾。允许危险废物产量较少的企业使用先贮存后处置的模式，从而促进他们与处理单位开展处理工作的合作，解决当前存在的问题。

(3) 着力解决企业危险废物贮存场所建设不规范，危险废物包装、标识、堆放不规范，二次污染控制和安全设备不完善，规范化管理程度不高等问题。建立危险废物环境风险防控体系，以改善环境质量为核心，以防范危险废物环境风险为目标，推进危险废物相关法律制度的改革完善，突出重点地区、重点行业和企业，探索危险废物分级分类管理体系建设，促进危险废物产生、收集、贮存、转移、利用和处置全过程的规范化管理。

(4) 鼓励危险废物利用处置行业规模化发展，探索将危险废物集中处置设施纳入环境公共基础设施建设，鼓励大型产废企业和工业园区自建危险废物利用处置设施，增强危险废物焚烧、填埋等无害化处置能力。提高准入门槛，研究危险废物利用处置设施绩效评估考核体系和退出机制，探索危险废物排污许可“一证式”管理，鼓励危险废物龙头经营单位规模化、集团化发展，淘汰污染防治水平落后企业。

(5) 创新危险废物监管手段，加强危险废物环境监管能力建设，结合正在开展的环保系统监察监测垂管体制改革，加快推进危险废物监管人员队伍建设和科技支撑能力建设。加快信息化管理能力建设，建立“能定位、能查询、能跟踪、能预警”的危险废物全过程信息化网络。

(6) 创新管理模式，加强危险废物统筹管理。化工园区作为产业集聚发展区，应从全局化角度出发，遵循化工园区“一体化管理”理念，在全面摸清所产生的危险废物底数基础上，按照源头削减、循环利用、安全处置等原则，深入分析可源头减量和循环利用、需焚烧填埋的危险废物种类数量，充分挖掘化工园区内企业间循环利用、自建设施共享等现有潜力，提出园区集中处置规划建设措施并做好安全处置工作，严格落实园区主导、企业主体和环境监管责任，对园区危险废物实行统筹管理，推动解决园区危险废物管理和治理难题，降低环境风险，保障环境安全。

参考文献

[1] 卢静. 危险废物集中处置企业环境风险评价研究[D]. 中央民族大学，2012.

[2] 蒋学先. 浅论我国危险废物处理处置技术现状[J]. 金属材料与冶金工程，2009，37(4)：57-60.

[3] 龙燕. 我国危险废物管理与处置发展历程[J]. 有色冶金设计与研究，2007，28(2)：1-7.

[4] 钟斌，孙绍锋. 美国危险废物管理实践[J]. 环境保护，2008(22)：74-76.

[5] 李金惠. 危险废物管理与处理处置技术[M]. 化学工业出版社，2003.

[6] 钟斌，孙绍锋. 美国危险废物管理实践[J]. 环境保护，2008(22)：74-76.

[7] 战佳宇，李春萍，杨飞华. 固体废物协同处置与综合利用[M]. 中国建材工业出版社，2014.

[8] 李金惠. 危险废物管理与处理处置技术[M]. 化学工业出版社，2003.

[9] 李晓. 德国危险废物的监督管理及处置[J]. 图书情报导刊，2006，16(12)：252-254.

[10] 战佳宇，李春萍，杨飞华. 固体废物协同处置与综合利用[M]. 中国建材工业出版社，2014.

[11] 钟斌，孙绍锋. 美国危险废物管理实践[J]. 环境保护，2008(22)：74-76.

[12] 战佳宇，李春萍，杨飞华. 固体废物协同处置与综合利用[M]. 中国建材工业出版社，2014.

[13] http://www.mep.gov.cn/gkml/hbb/qt/201606/t20160621_354849.htm

[14] 柳楷玲. 工业园生态系统健康评价研究[D]. 大连理工大学，2016.

[15] 杨郁梅，陈家祥，朱庆华. 我国化工园区发展问题研究[J]. 科技进步与对策，2004，21(6)：100-102.

[16] 康瑾. 危险废物处置企业在化工园区一体化配套服务实践[J]. 中国环境管理，2013，5(2)：65-67.

[17] Reniers G. An external domino effects investment approach to improve cross－plant safety within chemical clusters. [J]. Journal of Hazardous Materials，2010，177(1-3)：167.

[18] 许铭，吴宗之，张悦，等. 我国省级以上化工园区分布特点[J]. 现代化工，2014，34(2)：17-19.

[19] 马生柏. 浅谈化工园区存在的主要环境问题及解决对策[J]. 科技创新导报，2009(5)：127-128.

[20] 谢家平，孔令丞，籍巍. 化工园区循环经济建设模式与启示[J]. 当代经济管理，2009，31(2)：25-28.

[21] 陈清光. 化工园区生产安全免疫机理与模型及免疫力评估研究[D]. 华南理工大学，2014.

2

化工园区危险废物统筹规划管理技术研究

2.1 统筹规划理论学

统筹学，是数学与社会科学交叉的一个学科分支。它研究如何在实现整体目标的全过程中施行统筹管理的有关理论、模型、方法和手段。通过对整体目标的分析，选择适当的模型来描述整体的各部分、各部分之间、各部分与整体之间以及它们与外部之间的关系和相应的评审指标体系，进而综合成一个整体模型，用以进行分析并求出全局的最优决策以及与之协调的各部分的目标和决策。

此外，在研究统筹规划时，通常还需要基于可持续发展的理论。可持续发展理论的出发点是要协调好人口、资源环境与发展的关系，核心是协调人与自然的关系，使之处于和谐、共生状态。而城乡组合关系本身是一种人地关系系统，体现人与自然的和谐、发展主体之间的公平性以及发展的持久性。

我国基于特有的社会经济环境提出了区域统筹发展的概念，其内涵近似于国外的区域一体化，我国学界多指区域内部各组成部分的协调与平衡，强调施加适度的政策措施引导区域发展资源的合理流动。我国区域统筹发展研究以土地、国土空间、经济空间的研究为重要基础，在此基础上逐渐发展形成具有综合特征的研究体系[1]。作为一个涉及政治、经济、社会、资源、环境等诸多方面的系统工程，其理论研究亦具有极强的综合性的概念，许多发表在期刊上的研究成果分别从不同的侧面讨论着区域统筹问题。

(1) 区域国土空间开发研究

国务院于 2010 年底印发的《全国主体功能区规划》，是新中国成立以来的中国第一个全国性国土空间开发规划，具有战略性、基础性、约束性等特征。它将国土空间划分为优化开发区域、重点开发区域、限制开发区域和禁止开发区域。优化开发区域经济相对发达、人口较密集、开发强度较高，其资源环境问题也更加突出，是需要优化进行工业化城镇化开发的城市化地区。资源环境承载能力较强、发展潜力较大、聚集人口和经济条件较好的地区则应该作为重点开发区域，进行工业化城镇化的重点开发。限制开发区域分为农产品主产区和重点生态功能区。对于依法设立的各级各类自然文化资源保护区域及其他禁止进行工业化城镇化开发、需要特殊保护的重点生态功能区则属于禁止开发区。

当前区域国土空间开发理念与目标的形成是长期研究积累的成果，并逐渐具备了区域综合的特征：

1）普遍重视提高人居环境质量，重视区域内部的地区差异和空间层次，强调关键资源的保护，国家通过发布相应的法律法规加强保护核心的环境要素[2]。

2）提升核心城市的地位，着力推进城市圈和城市空间体系的形成，城市在国土空间开发中成为越来越重要的角色。

3）重视区域均衡发展，强调可持续发展，保护自然和发展文化，推进社会和谐。中国大陆的“沿海—内陆”“三大地带”“四大区域”战略，其区域均衡发展、可持续发展的理念越来越清晰。

4）重视地方行政区单元内部国土空间开发的统筹协调以及具有较高自然与社会环境共性的行政区域之间的合作。

5）重视国际化对国土空间开发的影响，对一级中心城市区域逐渐按照国际化大都市的开发深度和层次进行国土开发，更加重视与跨国公司、周边国家和邻近区域进行合作乃至共同谋划国土开发。

6）国土资源系统开发理念认为，国土开发整治区划是自然—经济区划的统一体，是过去—现在—未来的统一体[3]；国土空间开发将“多元多核、网络空间”、跨域竞争与合作、人地和谐、可持续发展、“3E”理念等有机结合起来，保证经济、社会、环境要素的协调和可持续发展，优化配置重大基础设施与合理供给国土空间、资源环境，实现效率（Efficiency）、公平（Equity）、环境（Environment）价值取向的协调统一[4]。

7）主体功能区划，依据国土开发密度和开发潜力将国土空间划分为四类主体功能区进行差别化政策管理。

（2）区域规划研究

区域规划（Regional Planning）是为实现一定地区范围的开发和建设目标而进行的总体部署。从广义上来说，它是指对地区社会经济发展和建设进行总体部署，包括区际规划和区内规划。区际规划主要解决区域之间的发展不平衡或分工协作问题;区内规划则是对一定区域内的社会经济发展和建设布局进行全面规划。我国大陆地区的区域规划最早可追溯到1956年,国务院在《关于加强新工业区和新工业城市建设工作几个问题的决定》中提出要搞区域规划[5]。进入21世纪,"统筹城乡、主体功能区"等规划的出现则进一步深化了城镇体系规划和城市群规划,将区域规划推进到区域发展以城市为主体的区域空间结构模式[6]。

(3) 城乡统筹发展

统筹规划的理论目前主要集中在城乡规划领域,在城乡统筹概念的界定方面,是强调将具有城乡二元结构的区域视为密切关联的整体,并进行统一谋划,以期缩减城乡差距。狭义的城乡统筹规划是指对未来一定时间和空间范围内经济社会发展、环境保护和项目建设等所做的总体部署,是把城市和农村的发展作为整体统一规划,通盘考虑;广义的城乡统筹规划是指对人口、资源与环境存在功能、结构等差异的区间整体发展的部署。

2.2 化工园区危险废物统筹规划管理技术路线

为缓解化工园区危险废物利用、处置及管理等方面的问题,降低危险废物转移环境风险,做到危险废物在园区内自行消纳、利用和处置,需要建立起全方位的园区危险废物利用处置及管理模式。在创新统筹规划管理模式探索过程中,可将每个化工园区视为一个大型企业,对整个园区内部危险废物的贮存、利用及处置资源,进行合理配置、统一整合、统一监管[7]。

化工园区危险废物统筹规划管理主要研究的是,园区内危险废物分类、分步骤循环利用及处置技术路线和技术方法,可细分为以下八大方面:

(1) 通过对园区基本情况的摸底调查,摸清园区企业危险废物产生、贮存、处置及管理基本情况。

(2) 从企业内部危险废物产生源头上采取措施,实现企业内部危险废物的减量化。

(3) 调查评估园区内可循环利用危险废弃物的上下游企业现状,优先进行园区内部企业间"点对点"循环利用。

(4) 对需要预处理的危险废物进行园区集中预处理,通过集中预处理实现危险废物综合利用或减轻最终处置压力。

(5) 充分挖掘园区内大企业危险废物自有处置设施处置能力,鼓励依托自有处置设施处置其他企业产生的危险废物。

(6) 对贮存较分散、有集中贮存及管理需求的危险废物进行集中贮存,统一管理。

(7) 对可利用园区内危险废物处置设施处置的废弃物进行焚烧或填埋处置。

(8) 对园区内不能实现循环利用或无害化处置的危险废物统一转移园区外进行处置。

统筹规划管理技术路线如图 2.2-1 所示。

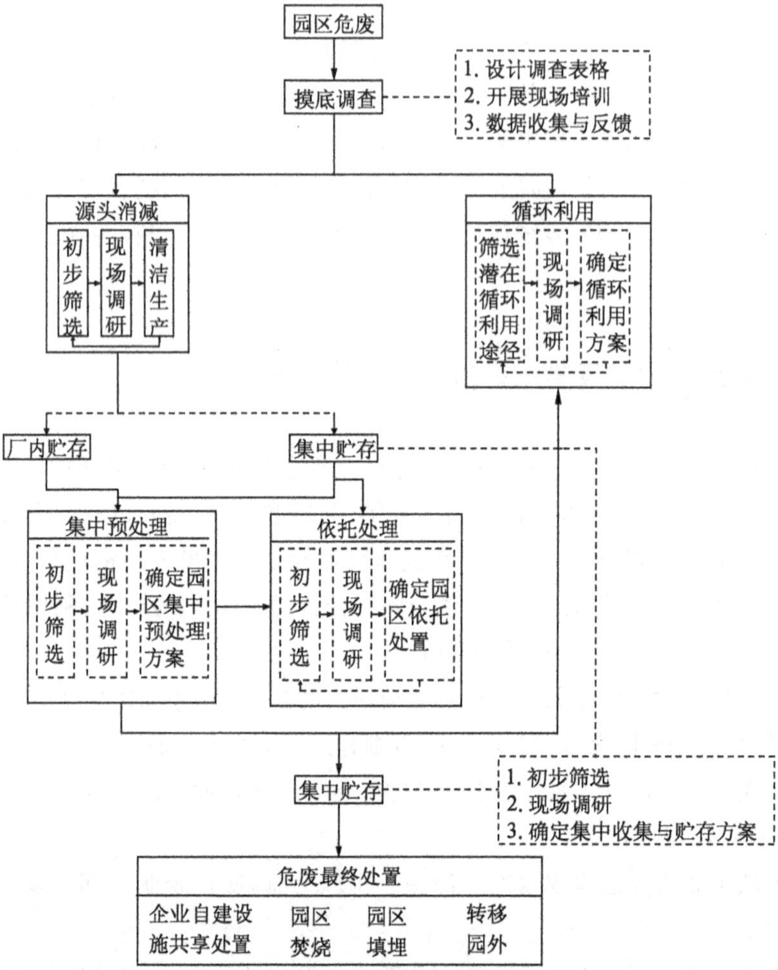

图 2.2-1　化工园区危险废物统筹规划管理技术路线图

其中,源头削减、"点对点"循环利用、集中预处理、依托自建设施处置、集中贮存这几个重点环节,可按照初步筛选重点对象、现场调研、确定实施方案并组织实施的步骤开展。筛选每个环节的重点对象建议采用打分法和权重加和计分排序法,关键在于如何确定打分因素和各因素权重,各环节实施重点筛选打分表设计要点见表 2.2-1 至表 2.2-5，各园区具体操作时可根据实际情况进行调整。

各环节打分表设计完成后，由审核打分小组成员（园区环境管理工作人员）或有关专家（环境风险评估专家、危险废物利用处置技术专家、危险废物管理专家等）进行评分（分值为 1～10），满分为 10。打分时，不应预先带有主观倾向，不受权重影响。

表 2.2-1　化工园区危险废物源头削减环节审核打分表

重点环节	筛选/打分对象	打分因素（权重 W）	得分 R(1～10)
源头削减	企业	危险废物总产生量(10)	
		① 企业清洁生产潜力(9～8)	
		② 危险废物总贮存量(8～7)	
		③ 危险废物利用处置水平(7～4)	
		④ 危险废物相关环境风险(3～1)	
	危险废物类别	危险废物总产生量(10)	
		⑤ 危害特性(9～8)	
		⑥ 超期贮存量(8～7)	
		⑦ 产生量集中程度(6～4)	
		⑧ 处置水平(3～1)	

*注：① 企业清洁生产潜力：不局限于传统清洁生产意义，不仅包括产品生产的源头，也包括副产品及污染防治的整个环节，还包括危险废物在厂内的处理与利用。

② 危险废物总贮存量：是指因园区缺乏相关处置能力、处置出路不畅等客观原因导致的危险废物贮存量较大的情况。

③ 利用处置水平：包括综合利用、焚烧处置、填埋处置等，依据减少对填埋依赖的原则，其中以综合利用为企业危险废物主要处置方式的此项得分 R 值较小，以焚烧为企业危险废物主要处置方式的此项得分 R 值中等，以填埋为企业危险废物主要处置方式的此项得分 R 值最大，即最需要开展源头削减。

④ 危险废物相关环境风险：是指企业内部危险废物贮存、管理产生的环境风险和二次污染，环境风险越大此项 R 值越大。

⑤ 危害特性：是指危险废物具有的腐蚀性、毒性、易燃性、反应性或者感染性等特性，危害性越大此项得分 R 值越大。

⑥ 超期贮存量：是指因园区缺乏相关处置能力、处置出路不畅等客观原因导致的危险废物超期贮存的情况。超期贮存量越大此项得分 R 值越大。

⑦ 产生量集中程度：同种危险废物产生企业数量越少，即产生量越集中，此项得分 R 值越大，越有利于开展清洁生产，利于实施源头削减。

⑧ 处置水平：同③。

表 2.2-2 化工园区危险废物“点对点”综合利用环节审核打分表

重点环节	筛选/打分对象	打分因素(权重 W)	得分 R(1～10)
“点对点”综合利用	利用途径	① 环境效益(10)	
		② 技术可行性(9～8)	
		③ 实施层面可操作性(8～7)	
		④ 经济效益(7～4)	
		⑤ 应用前景(3～1)	

* 注:① 环境效益:拟循环利用的危险废物产生量较大,危险废物循环利用率较高,减少或不存在环境二次污染,减少对工人安全和健康的危害,不利环境影响较小。

② 技术可行性:“点对点”循环利用技术成熟,水平先进;可找到有经验的技术人员;国内有成功应用的例子;运行维护容易。

③ 实施层面可操作性:可操作性较强,不需要做较大的工艺、设备变动,对上下游企业正常生产影响较小。

④ 经济效益:增加投资较小,工艺运行费用较低,拟循环利用的危险废物产生量较大,循环利用危险废物带来的经济效益较高。

⑤ 应用前景:符合经济发展政策,符合行业结构调整和发展,符合市场需求。

表 2.2-3 化工园区危险废物集中预处理环节审核打分表

重点环节	筛选/打分对象	打分因素(权重 W)	得分 R(1～10)
集中预处理	设施	所处置的危险废物类别与园区危险废物匹配程度(10)	
		处置能力(9～8)	
		运行稳定性(8～7)	
		建设运行成本(7～4)	
		配套管理水平(3～1)	
	危险废物类别	危险废物产生量(10)	
		危害性(9～8)	
		* 产生量集中程度(8～7)	
		对应预处理技术可行性(7～4)	
		对应预处理经济可行性(3～1)	

* 注: 产生量集中程度:同种危险废物产生企业数量越少,即产生量越集中,越有利于开展集中预处理。

表 2.2-4 化工园区危险废物自建设施共享环节审核打分表

重点环节	筛选/打分对象	打分因素(权重 W)	得分 R(1～10)
依托自建设施处置	设施	所处置危险废物类别与园区危险废物匹配程度(10)	
		处置能力余量(9～8)	
		运行稳定性(8～7)	
		建设运行成本(7～4)	
		配套管理水平(3～1)	

表 2.2-5 化工园区危险废物自建设施共享环节审核打分表

重点环节	筛选/打分对象	打分因素(权重 W)	得分 R(1～10)
集中贮存	危险废物类别	* 危险废物产生量及贮存分散程度(10)	
		分散贮存环境风险(9～8)	
		集中贮存技术可行性(8～7)	
		集中贮存经济可行性(7～4)	
		集中贮存管理难度(3～1)	

* 注：危险废物产生量及贮存分散程度：产生量小且贮存分散程度大的危险废物需要集中贮存管理。

2.3 化工园区危险废物统筹规划管理工作程序

化工园区危险废物产生种类多、数量大，普遍面临配套处置能力不足、综合利用渠道不畅、环境监管难度大等问题，为使化工园区危险废物得到妥善处置和管理，需要从摸底调查、循环利用、集中预处理、集中贮存、自建设施共享、末端处置及能力建设、组织保障等多方面、全方位构建化工园区危险废物统筹管理体系。具体工作程序如图 2.3-1 所示。

根据化工园区危险废物统筹管理工作程序，各部分内容具体说明如下。

(1) 摸底调查

摸底调查，即摸清化工园区企业危险废物产生、贮存、处置及管理基本情况，为后续环节的设计提供支撑及依据。摸底调查具体步骤和方法如下：

- 设计调查表格。主要包括：① 园区危险废物集中处置设施情况；② 园区发展规划情况；③ 企业生产原料及产品基本情况；④ 企业产生的危险废物种类、数量、贮存情况和处置去向；⑤ 企业自有处置设施、预处理设施情况；

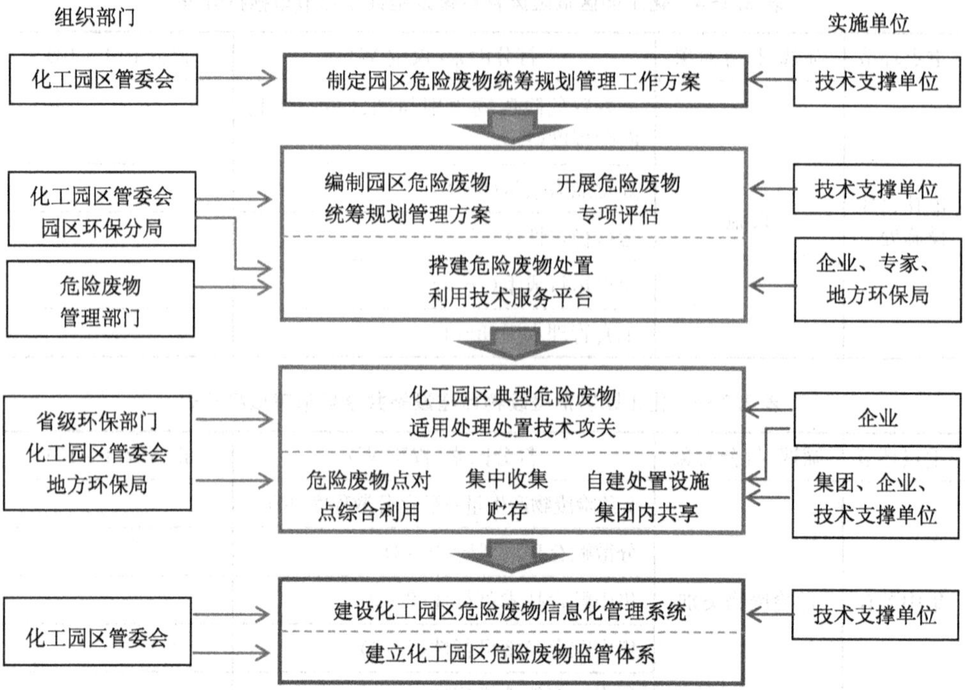

图 2.3-1　化工园区危险废物统筹规划管理工作程序

⑥ 企业有循环利用潜力的危险废物的性质及下游利用企业对原料的要求；等等。

- 开展现场培训。对化工园区内企业、园区管理部门等开展调查表格填报专题培训，发放调查表格开始填报。
- 数据收集与反馈。收集企业填报好的调查表格，对调查数据进行汇总、统计、分析，分别统计各企业产废量、各类危险废物产废量、各类危险废物贮存量等基础数据。审核并反馈问题，不合格的表格重新填写。

(2) 源头削减

源头削减，即对园区内产废量、贮存量较大的，存在源头或者过程削减潜力的企业和危险废物实现企业内部减量化，为园区腾出危险废物处置能力余量。源头削减具体步骤和方法如下：

- 初步筛选。对初步筛选的企业和危险废物，采用打分法和权重总和计分排序法，从高到低进行排序，分别选取排名前 3 位的企业和危险废物作为园区首轮潜在的源头削减重点企业和危险废物。
- 确定权重要素，设计打分表。根据化工园区危险废物源头削减目标任务，确定各打分权重要素。打分表中权重因素的确定主要考虑以下几个原则：重点突出，主要为实现园区危险废物减量化目标服务；因素之间避免互相交叉；因素含义明了，易于打分；数量适当(5 个左右)。综合考虑产生数量等定量指标以及有害特性、处置水平、清洁生产水平等定性指标。打分表可参考表 2.2-1。

- 组织打分。根据危险废物源头削减可达性目标和确定的筛选对象所能达到的程度，由审核打分小组成员(园区环境管理工作人员)或有关专家(工艺技术专家、清洁生产方法学专家、危险废物管理专家等)集体讨论进行评分(R=1～10)，满分为 10。打分时，不应预先带有主观倾向，不受权重影响。在评分过程中如果出现分歧意见时，由专家各自评分，然后取其平均值。
- 现场调研。① 现场调查潜在的源头削减重点企业，核实潜在重点企业产废环节、产废种类和产废量，找出重点企业产废量大的原因，重新采用打分法和权重总和计分排序法，将潜在的源头削减重点企业重新排序，确定排名前 2 位的企业作为园区首轮源头削减重点企业。② 现场调查潜在的源头削减重点危险废物，核实潜在危险废物产生环节、产废种类、产废量、相应生产工艺等，重新采用打分法和权重总和计分排序法，将潜在的源头削减重点企业重新排序，确定排名前 2 位的危险废物作为园区首轮源头削减重点危险废物。
- 实施清洁生产。对园区首轮源头削减重点企业实施专门针对危险废物削减的强制性清洁生产审核，对园区首轮源头削减重点危险废物类别实施强制性清洁生产审核。根据第一轮清洁生产情况，园区可开展持续性多轮清洁生产。从清洁生产角度，提出减少危险废物产牛量的可行性技术方案，实现危险废物减量化。

(3) 循环利用

循环利用，即确定园区内具有危险废物循环利用潜力的上下游企业，对这些企业开展现场调研，提出实现园区内企业间危险废物“点对点”循环利用的技术建议，使危险废物达到相关的产品标准后优先实现危险废物综合利用，减少最终处置压力。循环利用具体步骤和方法如下：

- 筛选潜在循环利用途径。根据摸底调查基本情况，特别是根据企业产生的危险废物、产品、副产品以及原辅料的成分、含量等信息，确定存在危险废物“点对点”循环利用潜力的上下游企业以及循环利用备选途径。采用打分法和权重总和计分排序法，对循环利用备选途径从高到低进行排序，分别选取排名前 3 位的“点对点”企业作为园区潜在循环利用途径。若企业之间直接提出循环利用方案，将此作为园区潜在循环利用途径。

- 确定权重要素,设计打分表。循环利用途径筛选打分表中权重因素的确定主要考虑重点突出,主要为实现园区内危险废物企业“点对点”循环利用目标服务,其次考虑因素之间避免互相交叉、因素含义明了且易于打分、因素数量适当等。打分表可参考表 2.2-2。
- 组织打分。根据危险园区内“点对点”循环利用可达性目标和确定的循环利用途径所能达到的程度,由审核打分小组成员(园区环境管理工作人员)或有关专家(工艺技术专家、环保技术专家、危险废物利用处置技术专家等)集体讨论进行评分(R=1～10),满分为 10。打分时,不应预先带有主观倾向,不受权重影响。在评分过程中如果出现分歧意见时,由专家各自评分,然后取其平均值。
- 现场调研。现场调查园区潜在循环利用途径,上游企业产废工艺环节、危险废物组分及含量,下游企业利用危险废物的工艺环节、对所利用危险废物组分及含量的要求以及对应的质量标准等,重新采用打分法和权重总和计分排序法,将潜在循环利用途径重新排序,确定排名前 2 位的途径作为园区首轮园区循环利用途径。
- 开展循环利用。根据危险废物特点及循环利用要求,确定循环利用方案。研究分析方案可行性,并根据实际情况组织实施。对比上游企业危险废物特性及下游企业利用危险废物质量标准要求,提出危险废物预处理需求与技术方法,通过对上游企业危险废物进行预处理达到下游企业利用要求,实现“点对点”循环利用。若摸底调查中确定不了循环利用企业名单,可直接对具有循环利用技术可行性的废酸、废活性炭、废盐等的产生单位进行现场调研,确定企业是否有循环利用意向或者技术基础,鼓励这类企业依托技术支撑单位设计危险废物循环利用技术方案,实现危险废物资源化。根据第一轮循环利用实施情况,园区可开展持续性多轮循环利用方案筛选与实施。

(4) 集中预处理

危险废物集中预处理,是指对园区内不同企业产生的同类别危险废物集中进行化学法预处理,以使危险废物满足下一步利用处置要求。即在源头削减和循环利用的基础上,根据园区产业特点,对园区内产生量较大且具有集中预处理经济技术可行性的危险废物进行集中预处理。实现集中预处理后的危险废物部分可实现资源化直接利用,部分可实现依托其他企业自有设施处置,部分需要转入最终处置环节。集中预处理将实现资源化或减轻最终处置难度,提高处置效率。

集中预处理技术主要包括物理法、化学法和固化/稳定化等。物理法包括压实、破碎、分选、增稠、吸附和萃取等;化学法包括絮凝沉淀、化学氧化、化学还原、酸碱中和等；固化/稳定化包括水泥固化、石灰固化、塑料固化、自胶结固化和药剂稳定化等，主要针对填埋处置。

集中预处理具体步骤和方法如下：

● 初步筛选。对摸底调查中存在的危险废物集中预处理设施、实施源头削减和循环利用后园区内剩下的危险废物分别采用打分法和权重总和计分排序法，从高到低进行排序，分别选取排名前 3 位的企业危险废物集中预处理设施和重点危险废物作为园区首轮潜在的集中预处理设施和集中预处理对象。

● 确定权重要素，设计打分表。根据化工园区危险废物集中预处理需求和可行性，确定各打分权重要素。打分表中权重因素的确定主要考虑以下几个原则：重点突出，主要为实现园区危险废物集中预处理目标服务；因素之间避免互相交叉；因素含义明了，易于打分；数量适当(5 个左右)。打分表可参考表 2.2-3。

● 组织打分。由审核打分小组成员(园区环境管理工作人员)或有关专家(工艺技术专家、清洁生产方法学专家、危险废物管理专家等)集体讨论进行评分(R=1～10)，满分为 10。打分时，不应预先带有主观倾向，不受权重影响。在评分过程中如果出现分歧意见时，由专家各自评分，然后取其平均值。

● 现场调研。① 现场调查潜在的集中预处理设施，核实潜在集中预处理设施处置能力、处理危险废物类别及要求、运行稳定性等，重新采用打分法和权重总和计分排序法，将潜在的集中预处理设施重新排序，确定排名前 2 位的设施作为园区首轮集中预处理设施。② 现场调查潜在的集中预处理对象，核实潜在集中预处理危险废物产生量、产生企业数量、集中预处理难易程度等，重新采用打分法和权重总和计分排序法，将潜在的集中预处理对象重新排序，确定排名前 2 位的危险废物作为园区首轮集中预处理危险废物。

● 集中预处理。根据筛选出的危险废物特点，结合园区现有集中处置设施，或规划建设园区集中预处理设施，确立园区集中预处理方案，研究分析可行性，并根据实际情况组织实施。

(5) 依托企业自有设施处置

在源头削减和循环利用的基础上，充分挖掘园区企业自有处置设施处置能力，处置园区内企业产生的危险废物，缓解园区危险废物处置压力。危险废物依托企业自有设施处置主要是指依托园区内大型企业自建焚烧炉等处置设施处置其他企业产生的同类型的危险废物。

依托企业自有设施处置具体步骤和方法如下：

● 初步筛选。根据摸底调查基本情况，采用打分法和权重总和计分排序法，从高到低进行排序，分别选取排名前 3 位的园区企业自有危险废物处置设施和危险废物依托处置方案作为园区首轮潜在的依托处置设施和依托处置方案。

● 确定权重要素，设计打分表。根据化工园区危险废物依托处置需求和可行性，确定各打分权重要素。打分表中权重因素的确定主要考虑以下几个原则：方案可行；因素互相独立；含义明确；数量适当(5 个左右)。打分表可参考表 2.2-4。

● 组织打分。由审核打分小组成员(园区环境管理工作人员)或有关专家(工艺技术专家、清洁生产方法学专家、危险废物管理专家等)集体讨论进行评分(R=1～10)，满分为 10。打分时，不应预先带有主观倾向，不受权重影响。在评分过程中如果出现分歧意见时，由专家各自评分，然后取其平均值。

● 现场调研。① 现场调查潜在的依托处置设施，核实潜在依托处置设施处置能力、处理危险废物类别、处置余量等，重新采用打分法和权重总和计分排序法，将潜在的依托处置设施重新排序，确定排名前 2 位的设施作为园区首轮依托处置设施。② 现场调查潜在的依托处置方案，核实潜在依托处置方案可行性、经济性等，重新采用打分法和权重总和计分排序法，将潜在的依托处置方案重新排序，确定排名前 2 位的处置方案作为园区首轮依托处置方案。

● 依托处置。根据筛选出的危险废物特点，结合园区企业现有自有处置设施，确立园区依托处置方案，研究分析可行性，并根据实际情况组织实施。根据第一轮依托企业自有设施处置情况，园区可组织开展持续性多轮依托处置设施和处置方案筛选和实施。

(6) 集中贮存

集中贮存，即对园区内产生量较小、分散贮存环境风险高，产生源分散且具备集中贮存技术可行性的危险废物，依托园区或企业的集中处置中心设置园区集中贮存场所，方便统一管理，降低环境风险隐患。集中贮存具体步骤和方法如下：

● 初步筛选。对存在集中贮存需求的危险废物，采用打分法和权重总和计分排序法，从高到低进行排序，分别选取排名前 3 位的适合集中贮存管理的危险废物作为园区首轮潜在集中贮存的危险废物。

● 确定权重要素，设计打分表。根据化工园区危险废物集中贮存的现状及需求，确定各打分权重要素。打分表中权重因素的确定主要考虑以下几个原则：降低环境风险；方案可行；企业需求；权重因素独立明确；方便筛选；数量适当(5 个左右)。打分表可参考表 2.2-5。

● 组织打分。根据危险废物集中贮存的可行性目标和确定的筛选对象所能达到的程度，由审核打分小组成员(园区环境管理工作人员)或有关专家(环境风险评估专家、危险废物性质专家、危险废物管理专家等)集体讨论进行评分(R=1～10)，满分为 10。打分时，不应预先带有主观倾向，不受权重影响。在评分过程中如果出现分歧意见时，由专家各自评分，然后取其平均值。

● 现场调研。① 现场调查园区集中处置中心危险废物贮存场所，核实集中处置中心贮存仓库库容余量以及管理能力，对照集中贮存危险废物特性及库容需求，从包装、收集、运输、分类贮存、管理等方面确定依托园区集中处置中心进行集中贮存管理的可行性。② 依托有条件、有意愿的企业仓库实施。现场调查确定企业仓库是否符合危险废物贮存场所规范性要求，或通过简单改造能否符合要求。确定企业仓库库容及管理能力，对照集中贮存危险废物特性及库容需求，从包装、收集、运输、分类贮存、管理等方面确定依托企业仓库进行集中贮存管理的可行性。③ 若无集中处置中心或企业仓库可依托，且园区集中贮存需求较大，可根据危险废物种类、数量确定集中贮存中心库容需求，规划建设园区集中贮存管理中心。

● 集中贮存。根据筛选确定的潜在集中贮存的危险废物特点，按照《危险废物收集、贮存、运输技术规范》等要求，确立园区集中贮存方案，并根据实际情况组织实施。集中贮存实施过程应明确各方主体责任，集中贮存单位严格落实企业主体责任，按要求开展危险废物收集、贮存和转移，确保收集、贮存和转移全过程的安全可控。

（7）园区内最终处置

园区内最终处置，即在源头削减、循环利用、集中预处理、依托自有设施处置的基础上，对前面几个环节不能消化的危险废物进行园区内最终处置。园区内最终处置开展步骤如下：

● 确定需要最终处置的危险废物的类别和数量。根据源头削减、循环利用、集中预处理、依托处置等几个环节危险废物的削减种类和削减量，分析、评估确定需要最终处置的危险废物的类别和数量，列出园区内需要进行最终处置的危险废物的类别和数量清单。

● 现场调查。① 确定园区现有集中处置能力。对化工园区集中焚烧、填埋处置中心进行现场调查，掌握园区集中处置中心可处置的危险废物的类别和数量，与第一步产生的危险废物处置需求清单进行对比，确定可通过园区内集中焚烧、填埋设施进行最终处置的危险废物类别和数量，统一签订企业危险废物委托处置协议。② 若园区缺乏配套集中处置中心或集中处置中心处置能力不足，考虑到园区的可持续发展，可根据园区危险废物最终处置实际能力需求及计划入驻企业产废情况，规划建设新的危险废物焚烧处置、填埋处置中心。

● 确定园区危险废物处置方案。根据集中处置危险废物的特点，从包装、收集、运输、贮存、分类处置、管理等方面确定园区危险废物处置实施计划，并根据实际情况组织实施。

(8) 转移园区外处置

转移园区外处置，即对不能在园区内实现循环利用和处置的危险废物进行统一转移园区外处置。转移园区外处置开展步骤如下：

● 确定需要转移园区外处置的危险废物的类别和数量。根据园区最终处置环节危险废物的处置种类和消减量，分析、评估确定需要转移园区外处置的危险废物的类别和数量，列出园区内需要转移至园区外处置的危险废物的类别和数量清单。需要进行转移园区外处置的危险废物包括园区内不能实现循环利用和处置的危险废物类别及园区内处置能力不足的危险废物。

● 确定危险废物接收单位。根据需要转移至园区外处置的危险废物的类别和数量，调查全市或全省的危险废物处置中心，按照技术可行性和经济可行性确定危险废物接受单位。

● 实现统一、安全转移。对园区内危险废物进行统一管理，组织产生单位与处置单位签订危险废物处置协议，实现定期转移处置。

(9) 能力建设

加强化工园区能力建设从危险废物处置能力、监管能力、人才队伍、信息化管理等方面进行。

● 危险废物处置能力建设。① 园区应发挥在危险废物处置利用上的统筹规划管理作用，配套建设危险废物焚烧和填埋设施，在危险废物集中收集项目上，应由园区为主体，依托危险废物焚烧处置单位建设的模式，体现园区对集中收集的主体责任并强化监督管理。② 园区应充分调动企业对危险废物综合利用的积极性，对于有意向建设废酸、废盐等危险废物综合处置利用项目的企业，应当在政策、技术上予以支持；鼓励产废单位对其危险废物进行检测分析，符合相关要求的，可进行自建设施共享、“点对点”综合利用。③ 对于难以综合利用及处置的危险废物，园区应通过集中贮存的方式加强监管，同时积极寻找危险废物的处置去向；企业应积极配合园区管理，对此类危险废物进行集中贮存。

● 监管能力建设。化工园区环境监管能力相对薄弱，与现在监管要求不适应，各园区应结合本地实际，加强领导，落实具体责任，强化经费保障，从队伍建设、日常监管、管理信息化、科技能力等方面加强环境监管能力建设。

● 队伍建设。全省化工园区基本无专门固废管理部门及人员，监管能力较薄弱。化工园区应进一步加强环保机构建设，着力加强环境监管人才队伍建设，相关部门在人才招录和引进中应将具备环保专业技术特长和管理经验的优秀人才充实进环保队伍，不断加大培养力度，大力提高环境监管队伍思想政治素质、业务工作能力和职业道德水准。

● 危险废物管理信息化建设。以信息技术为手段，利用“互联网＋”，推动危险废物信息系统建设，提高危险废物资源化利用和无害化处理处置水平。建设危险废物信息化管理平台，从危险废物的产生、贮存、转运、利用和处置的各个环节通过智能化识别、实时定位跟踪等手段进行危险废物从“摇篮”到“坟墓”的全过程智能化动态管理，助力各环保部门及时、真实、准确、动态掌握园区内危险废物信息，服务环境应急和风险管控。

(10) 组织保障

加强组织领导。① 为保证化工园区危险废物循环利用及管理工作顺利实施，园区应加强组织领导，建议实施园区成立领导小组。领导小组可通过园区管委会和当地环保局协商成立，主要成员为园区管委会和环保局分管领导、相关技术骨干等。领导小组成立后应明确牵头部门及各成员单位、各组成人员的职责分工。② 成立园区、环保部门、企业三方协调沟通机制，做到信息共享，及时商讨解决园区危险废物循环利用和管理工作中出现的问题和困难，充分利用专家力量对园区危险废物利用和管理工作进行跟踪指导。

增强责任意识。① 园区层面，园区管委会应加强危险废物的日常监督管理工作。对积极实施危险废物源头削减、循环利用、依托处置的企业给予政策和技术支持。确定园区危险废物环境准入负面清单并定期更新，限制利用难、处置难、转移难的危险废物产生企业进入园区，实现园区可持续发展。② 环保部门层面，各级环保部门按照属地管理原则，负责危险废物产生单位、“点对点”循环利用上下游企业、自有设施依托企业的日常环境监管，同时做好有关信息公开及各方沟通工作。③ 企业层面，产废单位应按照危险废物相关管理制度，严格执行危险废物危险废物源头分类、申报登记、转移联单、经营许可、应急预案备案等管理制度，落实主体责任，妥善处置危险废物。

建立多方合作机制。① 建立园区危险废物循环利用和管理信息平台。利用物联网技术，实现园区内每家企业危险废物的产生、贮存、转移、利用、预处理、处置等相关信息的跟踪、监控和管理，实现园区危险废物监管信息化。同时通过信息平台面向社会发布园区在危险废物处置、集中预处理、综合利用等方面的技术需求，从技术上解决园区在危险废物循环利用和管理工作中遇到的问题和困难。② 建立园区危险废物循环利用和管理工作定期会晤制度。园区管委会、园区企业、环保部门、技术专家等参与研究制定园区危险废物循环利用和管理工作方案、园区发展规划，研究讨论解决工作难点，督促工作方案的落实，总结园区危险废物循环利用和管理工作经验，保障工作顺利开展，促进园区危险废物减量化、资源化、无害化。

参考文献

[1] 龙拥军. 基于主体功能区的重庆市区域统筹发展研究[D]. 西南大学，2013.

[2] 胡序威. 中国区域规划的演变与展望[J]. 城市规划，2006，61(b11):8-12.

[3] 郑度. 人地关系地域系统与国土开发整治——贺吴传钧院士 90 华诞[J]. 地理学报，2008，63(4):346-348.

[4] 孙娟，崔功豪. 深圳市国土空间规划研究[J]. 规划师，2004，20(2):82-84.

[5] 佚名. 国务院关于加强新工业区和新工业城市建设工作几个问题的决定[J]. 山西政报，1956(11).

[6] 仇保兴. 论五个统筹与城镇体系规划[J]. 城市规划，2004，28(1):8-16.

[7] 张宁，刘晓华，黄文平，等. 江苏省化工园区危险废物利用处置和管理模式研究[J]. 污染防治技术，2017(1):85-88.

3

化工园区危险废物统筹规划管理方案制定

近年来，随着《最高人民法院、最高人民检察院关于办理环境污染刑事案件适用法律若干问题的解释》和新《环境保护法》的实施，危险废物逐步引起社会关注。江苏省通过不断加大对危险废物的规范化管理力度，推进处置利用设施建设，全省危险废物综合利用和安全处置工作已取得明显成效。但是，由于危险废物产生企业数量多、产废强度大，监管基础相对薄弱，利用处置能力欠账较多，超期超量贮存现象较为普遍，非法转移、非法倾倒、非法填埋等违法行为时有发生，危险废物环境监管压力较大。

为破解化工园区危险废物管理难题，探索创新危险废物统筹规划管理模式，结合《江苏省生态环境保护制度综合改革方案》等文件要求，结合省内某沿海化工园区申请需求，江苏省开展了化工园区危险废物统筹规划管理试点。

3.1 方案制定原则与目的

3.1.1 总体思路与目的

总体思路：根据化工园区"一体化"管理理念，按照危险废物源头控制、过程消减、末端处置、循环利用等原则，通过基础信息排查、现场核实、专项评估、自建设施共享、点对点综合利用等，形成园区危险废物统筹规划管理方案，探索危险废物全局化、减量化、资源化、规模化、专业化、信息化、全过程精细化管理模式，为化工园区危险废物环境管理提供技术支撑。

方案目标：按照化工园区环境管理要求，充分依托园区现有基础条件，开展园区危险废物统筹规划管理工作，以解决园区内危险废物超期超量贮存、综合利用难、监管压力大等问题，创新危险废物管理模式，培育园区自身利用处置能力，整合资源、集中监管，降低处置成本和行政管理成本，防范外运处置风险，确保危险废物妥善、安全处置。

3.1.2 制定原则

(1) 统筹规划原则

应用统筹规划学理论，在摸清化工园区底数、分析现状及存在问题的基础上，结合园区近远期发展规划，充分研究化工园区危险废物源头减量化、点对点综合利用资源化，有效整合危险废物利用处置资源，引进典型危险废物先进适宜的处理处置技术，提高信息化管理水平等途径与方法，建立化工园区危险废物从产生、暂存、转移到处置全过程监管体系。

(2) 适用性原则

统筹管理方案应能够适用于试点化工园区主要特点，在提出普适性的要求和任务的同时，根据园区自身的地域、产业结构、经济发展模式、环境管理模式等特点，提出适用于园区自身危险废物管理的长效机制。

(3) 可操作性原则

要尽可能全面指导试点化工园区危险废物管理的各个方面，同时要考虑园区自身发展的规律，使规划方案内容在经济、环境、管理等方面具备可操作性，便于园区管理者和企事业单位开展工作。

3.2 方案制定程序

试点化工园区危险废物统筹规划管理方案制定程序如图 3.2-1 所示。

3.3 危险废物专项核实

3.3.1 核实对象与内容

(1) 核实对象

化工园区危险废物专项核实对象为园区及园区内所有危险废物产生企业。调查园区基本情况，包括园区建设、发展、规划情况，园区危险废物集中处置设施情况，区内企业基本情况，包括涉危生产原料及产品基本情况，产生的危废种类、数量、贮存情况和处置去向，自有处置设施、预处理设施情况等。

(2) 重点核实内容

根据企业实际生产情况，对比环评文件，分析建设项目主体工程、环保工程和公辅工程等固废产生环节，固废的种类、数量以及处置方式等，重点核实是否存在

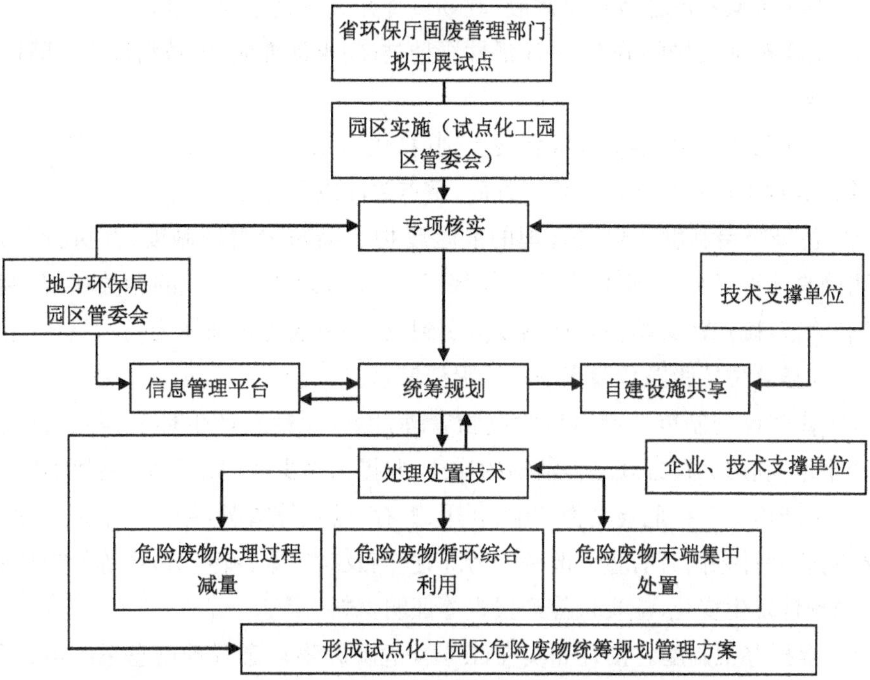

图 3.2-1　试点化工园区危险废物统筹规划管理方案制定程序

漏评、错评，以及数量和处置方式是否发生变化。核实产废企业是否存在下列重大变化情况：

- 危险废物实际产生种类在原环评中漏评且实际产生量大于 1 吨；
- 原环评中预计产生的危险废物种类在实际生产过程中未产生的；
- 危险废物实际产生量超过原环评预计的 20%或少于预计的 50%；
- 危险废物自行利用、处置的设备、工艺发生重大变化的，分析其变化的原因。

根据产品实际产能和固废实际产生量核算达到设计产能的实际危险废物产生量；根据《国家危险废物名录》(2016 年版)，核实危险废物种类。

审阅固废的责任制度、管理计划、台账的规范性、申报登记、转移联单、培训、应急预案备案与演练、包装和标识的规范性等落实情况；踏勘“三防”、分区贮存、贮存容积、贮存场所的污染控制、报警装置等，分析建设单位危险废物规范管理方面存在的问题并提出整改方案。

(3) 核实要点

第一，对建设项目危险废物实际产生种类、数量及去向进行梳理核实，重点核实以下方面：

➢ 是否存在“重大变化”；

➢ 对于废酸和废盐等危险固废，现场核查并关注其主要成分；

➢ 对于废活性炭的分类，关注活性炭种类(粉末活性炭、颗粒活性炭、活性炭纤维)；

➢ 对于污泥危险废物，关注污泥类别(物化污泥、生化污泥、混合污泥)。

第二，对于危险废物环境管理方面，重点关注以下几点：

① 污染防治制度。建立合理的危险废物污染防治责任制度，并执行公开制度，明确具体责任分工、责任人及责任部门，熟悉危险废物管理的相关法规、制度、标准和规范，确保污染防治责任制度落实到位，并采取防止固体废物污染环境的措施以及在显著位置张贴危险废物防治责任信息。

② 管理计划制度。制定危险废物管理计划，包括对产生环节、种类、危害特性、产生量、利用处置方式进行清晰的描述，并提出减少产生量和危害性的措施；根据实际生产情况上报危险废物产生、利用、贮存、处置等情况，并如实申报环评漏评情况，对管理计划内容有重大改变的情况，应当及时申报。停(减)产等导致废物产生量与预计发生变化，应提供停产报告等证明材料。

③ 申报登记制度。按月如实在江苏省危险废物动态管理信息系统申报危险废物种类、产生量、流向、贮存、利用、处置等情况；申报数据要与企业日常危险废物产生、处理记录台账、管理计划等相验证。申报事项有重大改变的，要及时申报。

④ 转移联单制度。在转移危险废物前，须向环保部门报批危险废物转移计划，并得到批准。如实填写转移联单中产生单位栏目，并加盖公章。在合同有效期内转移危险废物，不得超量、超范围转移。转移联单须一车一单，一类一单。江苏省内转移的应进行网上报告，实行电子联单，跨省转移的仍需纸质联单，并网上填报。所有转移联单须打印并保存齐全，整理建档。确保网上申报正常，无漏报，实际转移总量与网上申报转移总量一致。

⑤ 经营许可证制度。根据危险废物管理计划将所有危险废物交由有资质单位利用或处置，特别是具有再利用价值的危险废物，也必须交给有资质单位。核实危险废物经营单位许可证范围，委托处置合同范围，不得超范围转移。须与持有相应处置类别相符的危险废物经营单位签订合同，并核对经营单位许可证是否处于有效期。合同定期更新，防止过期。转移危险废物的种类不得超过经营范围。

⑥ 应急预案备案制度。按要求制定意外事故的防范措施和涉及危险废物的应急预案，生产工艺变化或有新建项目的应根据情况及时更新，向所在地县级以上地方人民政府环境保护行政主管部门备案，环保部门出具书面备案意见。编制应急演练方案，并每年组织应急预案演练，危险废物年产生量超过 10 吨的企业，应做

好演练前计划，做好文字、图片或视频记录，以及演练后总结等。

⑦ 业务培训情况。制定培训计划，至少保证每年一次内部培训，内容须涉及国家相关法律、法规、规章，本单位危险废物管理规章制度、应急预案等。要有详细的培训计划和培训记录。要求相关管理人员和从事危险废物收集、运输、暂存、利用和处置等工作的人员掌握国家相关法律法规、规章和有关规范性文件的规定，熟悉本单位制定的危险废物管理规章制度、工作流程和应急预案等各项要求，掌握危险废物分类收集、运输、暂存的正确方法和操作程序。

⑧ 台账规范性。建立危险废物管理台账，按日记录危险废物名称、种类、数量、来源、出入库时间、去向、交接人签字等内容，按月汇总。

第三，对于企业的贮存设施、利用和处置设施规范化管理，重点关注以下方面：

① 标识制度。盛装危险废物的容器和包装物必须依据《危险废物贮存污染控制标准》(GB 18597—2001)的要求设置危险废物标识。所有涉及危险废物收集、贮存、运输、利用、处置设施、场所，应依据《环境保护图形标志—固体废物贮存(处置)场》(GB 15562.2—1995)中规定的危险废物警告图形符号设置标志牌。注意各贮存场所是否均设有危险废物识别标志，标识标志样式是否规范，信息填写是否完整，所有标志物不得人为涂改、刮擦，发生破损、褪色等情况时应及时修复或更换。

② 源头分类制度。危险废物按种类分别存放，分区贮存，不同种类危险废物之间设置明显的间隔过道或隔离墙。要求未混合贮存性质不相容而未经安全性处置的危险废物；未将危险废物混入非危险废物中贮存；未将危险废物与其他物品、生产原料、中间产物、器材混合存放。

③ 贮存设施管理。危险废物贮存设施应依法进行环境影响评价，并完成"三同时"验收。贮存设施必须符合《危险废物贮存污染控制标准》(GB 18597—2001)相关要求，做到"防扬散、防流失、防渗漏"，设置警示标识，配备安全照明设施、观察窗口和计量工具。收集的渗滤液和清理出的泄漏物需要按危险废物管理，原则上不得超期贮存，延长期限的须报环保部门批准同意。要设计堵截泄漏的裙脚，并满足容积要求(地面与裙脚所围建的容积不低于堵截最大容器的最大储量或总储量的五分之一)。装载危险废物的包装容器需完好无损，定期对贮存场所进行检查，发现包装容器破损的及时更换。贮存场所应设置气体导出口及气体净化装置；贮存易燃易爆危险废物的须配置火灾报警装置等。

④ 利用和处置设施管理。危险废物利用、处置设施须有相应的环保手续。相关环评中应详细说明自建危险废物利用、处置设施的利用、处置工艺，可利用、处置危险废物种类、数量，产品质量标准，以及污染防治措施等情况。建立危险废物利用、处置台账，如实记录危险废物利用、处置情况(危险废物批次、利用时间、种类、

数量)、利用、处置设施原始运行记录、污染物排放环境监测报告数据、产品名称和数量等,台账和原始运行记录保留 3 年以上。焚烧装置安装烟气在线监控系统、现场工业电视监控系统并与环保部门联网,至少每年对二噁英监测 1 次。

3.3.2 核实工作程序

化工园区危险废物专项核实工作程序见图 3.1-1。

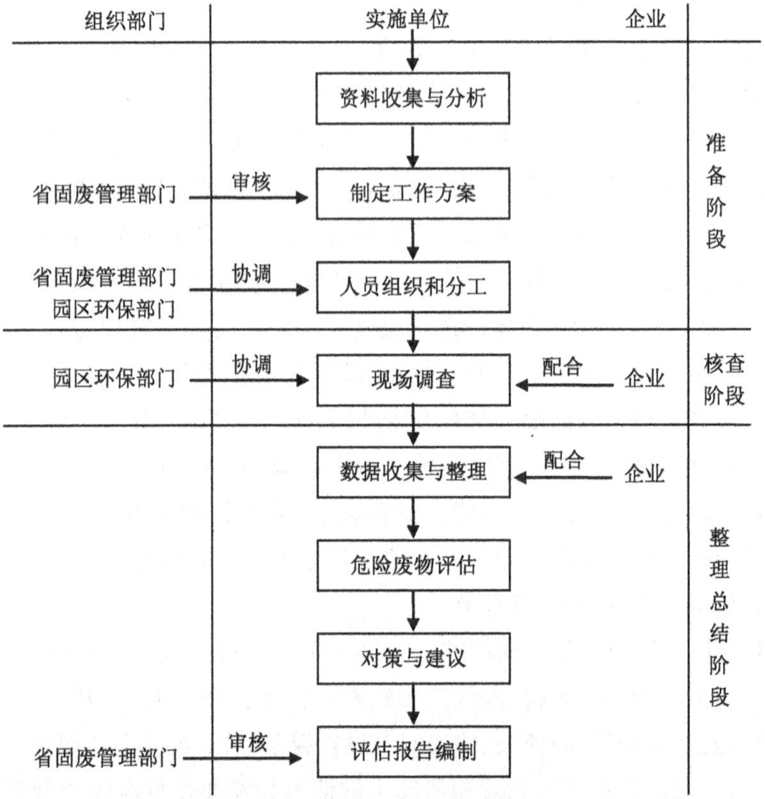

图 3.1-1 化工园区危险废物专项核实工作程序

根据任务需求列举材料清单,制定工作方案,在园区环保部门协调和企业配合下进行现场调查,收集和整理数据并踏勘危险废物暂存场所,核实企业危险废物产生环节、种类、数量以及处置方式等,并对企业环境管理、贮存设施、利用和处置设施规范化管理进行评估,提出相应的对策和整改建议,汇总企业危险废物核查结果并编制化工园区危险废物规范化管理评估报告,为环境管理部门及企业提供技术支撑。

3.3.3 核实结果分析

(1) 危险废物核实情况汇总

对比环评文件，分析建设项目主体工程、环保工程和公辅工程等固废产生环节、种类、数量等，梳理环评文件中危险废物环评预计产生量与实际产生量的差别、危险废物代码差异等主要问题，并根据实际产品产能和危险废物产生量计算达到设计产能情况下的危险废物产生量，根据《国家危险废物名录(2016年版)》，重新核实危险废物代码，形成企业危险废物核查成果汇总表。

表 3.1-1 危险废物核查成果汇总表

序号	企业名称	危险废物种类	环评代码	环评量(t/a)	实际产生量(t/a)	核定代码	达产情况下核算危险废物产生量(t/a)
1							
2							
…							

(2) 危险废物规范化管理

结合企业实际生产情况，对企业环评中危险废物漏评、错评、产生量及处置方式变化的情况进行评价，并提出存在的问题及整改意见；现场踏勘企业危险废物暂存场所，根据《危险废物收集 贮存 运输技术规范》(HJ2025—2012)和《危险废物贮存污染控制标准》，分析建设单位危险废物规范化管理方面存在的问题并提出整改建议。

表 3.1-2 危险废物规范化管理存在的问题及整改建议

序号	存在的问题	整改建议
1		
2		
…		

(3) 提供技术支撑

结合环评报告和实际生产情况，重点关注园区废盐、废酸以及废活性炭的产生情况和主要成分，摸清园区企业危险废物产生、贮存、利用、处置和管理的基本情况及存在的问题，初步筛选出具有源头减量、循环利用、自建设施共享、集中预处理潜力的企业及有关危险废物类别名单，为寻求和推广适宜的资源化技术提供依据，为开展“点对点”综合利用、自建处置设施集团内共享、集中收集贮存等改革试点提供支撑。

3.4 梳理重点任务

根据章节“2.3 化工园区危险废物统筹规划管理工作程序”提到的工作步骤和方法，通过设计调查表格、组织打分、筛选清单，明确危险废物统筹规划管理的重点任务。

（1）源头减量。根据拟采取源头减量的企业名单，进一步核实企业危险废物的产生工艺环节、种类数量、超期超量贮存等情况，分析产生量大、利用处置难的原因，综合考虑企业管理水平、废物减量适用技术等因素，筛选源头减量重点企业及其危险废物类别，分析源头减量潜力，并通过类比分析、专家咨询等方式，从返回工艺使用、回收可用物质、脱水等方面提出具体源头减量措施。

（2）“点对点”综合利用。针对初步筛选的具有危险废物循环利用潜力的园区企业，进一步核实上游企业涉及危险废物的来源（产生工艺环节、废物性状成分、有害物质含量等）和下游企业利用途径（利用技术工艺、对所利用危险废物组分及含量的要求、原辅料主要成分、产品质量要求等），结合企业自主意愿、技术和经济可行性等，提出直接利用或预处理后利用的具体措施。园区可将具有循环利用技术可行性的废酸、废盐、废活性炭等类别作为重点，参照上述要求提出“点对点”综合利用措施。

（3）自建设施共享。核实园区现有企业自建利用处置设施的利用处置危险废物类别、富余能力、工艺设备、运行稳定性、有关环保手续执行等情况，评估设施运行水平、污染防治水平和日常管理水平，筛选可依托利用处置的自建设施。梳理园区其他与自建设施所属企业采用类似生产工艺或产生同类型危险废物的企业，核实有关危险废物种类、数量、成分，结合企业意愿、运行成本等，分析设施共享的可行性，提出园区依托企业自建设施利用处置的具体措施。

（4）园区集中处置。梳理园区除采取源头削减、循环利用、自建设施共享等方式消纳以外的其他危险废物，分析具体种类、数量、危险特性、利用处置方式、委外处置难度等，并结合园区现有危险废物集中处置能力、企业入驻计划及产废情况、园区危险废物处置能力建设规划等情况，列出由园区进行最终处置的危险废物的类别和数量清单，分近期、中期、长期三个阶段提出园区危险废物集中处置措施。

（5）集中预处理。筛选园区内产生量较大但缺乏有效利用处置途径或直接利用处置成本较高的危险废物类别，在核实园区企业现有预处理设施的处理能力、处理危险废物类别和处理水平基础上，结合危险废物接受单位要求、预处理后危险废物利用处置渠道、集中预处理经济技术可行性等情况，分析依托现有或规划建设预处理设施的可行性，提出实施园区集中预处理的危险废物类别及具体措施。

(6) 集中贮存。筛选园区内危险废物产生量较小的中小企业，了解小量危险废物在分类收集、及时转移、处置成本等方面存在的问题，筛选拟开展园区集中贮存的企业范围和危险废物种类，并结合园区管理水平、集中贮存场所(新建或依托符合条件的企业)情况、收集后危险废物委外利用处置途径的稳定性等，分析集中贮存可行性，提出园区集中贮存、统一委外利用处置措施。园区集中贮存的要按照省环保厅有关规定执行。

(7) 转移利用处置。根据园区危险废物总体产生情况和危险废物源头削减、循环利用、自建设施共享、园区集中处置情况，筛选需转移园区外进行利用处置的危险废物(包括集中贮存和集中预处理后的危险废物)，列出具体类别和数量，结合全市或全省危险废物利用处置能力，提出合理去向和加强转移监管的建议。

(8) 搭建技术交流平台。根据化工园区内危险废物处理处置需求，组织各级环保管理人员(尤其是工业固废分管人员)、园区产废企业、处理处置企业负责人及环保负责人，邀请相关领域内技术专家介绍化工园区典型危废处理处置技术，召开危险废物处理技术交流研讨会，对化工园区污泥、废盐等突出种类危险废物的处置、利用技术进行经验交流、座谈，搭建产废企业与治理技术所有方之间交流平台，提升化工园区危险废物处理处置技术水平。

3.5 提出项目清单

根据统筹规划管理方案专项核实结果及梳理出来的重点任务，重点开展拟参与试点任务的企业调查，结合企业意愿，组织实施试点项目。通过筛选和企业自愿，本次试点选取了某染料化工企业废硫酸“点对点”综合利用试点、某农药化工企业自建处置设施集团内共享试点以及化工园区集中收集贮存试点。

3.5.1 废硫酸“点对点”综合利用试点

试点化工园区某染料化工企业拥有与其他单位共同研发的废硫酸资源化利用技术，该技术利用化工冶金技术回用废硫酸来生产硫酸镁、硼酸镁、硫酸钠等产品，实现废硫酸的资源化。该项技术解决了硫酸镁中残留污染问题，产品达到硫酸镁产品国家标准。资源化回收装置实现了能量梯级利用，最终产生的余热对生化废水进行预热，不凝气达标排放。该试点企业对原料酸采取了预处理措施，在含有铵基根的成分酸液中，利用氧化镁将铵根离子转换成氨水回用到生产车间，对于含有有机物比较高的废酸液采用活性炭吸附或有机溶剂萃取、漂洗等措施，确保产品质量达到国家标准。

根据该试点企业废硫酸综合利用项目设计生产能力，企业满负荷生产的情况下尚有废酸处理余量，年可接收符合条件的副产硫酸约 2 万余吨，具备处置园区内其他企业的废硫酸的能力。但每个企业废硫酸因为工艺不同，废酸所含有机组成、金属离子等有很大的差异。为了保证装置正常运行，在解决其他企业废硫酸污染问题的同时，不产生二次污染，上游企业的废硫酸应满足相应的质量标准及要求。

参与废硫酸“点对点”综合利用试点的两家上游产废企业，同样为染料生产企业。通过对上游产废企业的废硫酸样品进行检测分析，在满足废硫酸接收企业的质量标准和接入要求以后，论证废硫酸“点对点”综合利用的技术可行性，试点进行初步验证试验，重点关注氮氧化物的达标排放情况、重金属以及硫酸镁产品的质量情况。

3.5.2 企业自建处置设施集团内共享试点

试点化工园区内某两个农药化工企业 A 和企业 B，同为园区内某集团下属分公司，两个分公司之间相互独立管理运行。其中企业 A 建设有回转窑焚烧炉，以处置精馏残渣、废有机溶剂、废活性炭等危废为主，根据 2015、2016 年危险废物产生处置情况，该企业危险废物焚烧处置余量充足。按照集团内自建危险废物处置类别相对固定等特点，企业 B 产生的危险废物可以送入企业 A 进行集中处置。对有自建危险废物处置设施集团内共享需求的处置企业 A，试点简化颁发危险废物经营许可证。

参与试点的同属一个集团的企业 A 和企业 B，进行集团内自建危险废物处置设施共享试点，通过重点调查核实，论证危险废物“自建处置设施集团内共享”技术方案，为试点化工园区乃至江苏省域范围集团内自建危险废物处置设施共享提供了很好的范例。需要注意的是，在开展试点过程中：(1)可以适当放宽企业自建危险废物焚烧处置设施总设计能力要求以及实验室具备的危险废物特性分析能力要求；(2)需要明确试点企业危险废物转移申报流程；(3)企业应制定危险废物运输、贮存方案以及相关的应急措施。

3.5.3 园区集中收集贮存试点

通过危险废物集中收集贮存转移试点和向产废单位延伸危险废物规范化管理服务，督促园区内中小企事业单位落实危险废物污染防治的主体责任，拓宽中小企事业单位危险废物处置利用途径，解决小量危险废物管理不规范、转移不及时、处置费用高等问题，逐步实现园区内各类危险废物从产生、暂存、转移到处置整个过程“就地分类收集、安全及时转移和实时全程监控”的规范化监管目标。

通过对试点化工园区实施危险废物“集中收集贮存”的可行性进行分析，结合园区危险废物摸底调查结果与园区实际情况，重点从场址选择与建设条件、集中贮存工程设计、公辅工程建设方案、消防设计、安全卫生、环境保护、风险评估等方面，编制集中收集贮存试点项目可行性研究报告，同时设计智能标准磅箱贮存入库出库的试点方案。

3.6 配套保障措施

为保障试点化工园区危险废物统筹管理的工作目标、重点任务和工程项目顺利完成，从创新法规体系、加快科技应用、推动技术交流、配套能力建设、引导企业参与、推进工程建设、实施考核评估等七个方面，提出管理政策建议，推动构建化工园区危险废物统筹管理体系，确保危险废物妥善、安全处置。

4 危险废物源头管控

要做好化工园区危险废物统筹管理，就要从危险废物源头产生环节开始抓，即要进行危险废物源头管控。化工园区危险废物源头管控目的是从危险废物产生源头做好管理控制，而要做好危险废物源头管控，主要从项目审批、环境准入、源头分类、清洁生产审核等几个方面入手。

4.1 严格涉危建设项目环评审批和环境准入

4.1.1 严格涉危建设项目环评审批

对于涉及危险废物的建设项目，根据 2016 年 11 月 7 日由第十二届全国人民代表大会常务委员会第二十四次会议通过的《关于修改〈中华人民共和国对外贸易法〉等十二部法律的决定》（中华人民共和国主席令第五十七号），修订后的《中华人民共和国固体废物环境污染防治法》规定，“第十三条　建设产生固体废物的项目以及建设贮存、利用、处置固体废物的项目，必须依法进行环境影响评价，并遵守国家有关建设项目环境保护管理的规定”。“第十四条　建设项目的环境影响评价文件确定需要配套建设的固体废物污染环境防治设施，必须与主体工程同时设计、同时施工、同时投入使用。固体废物污染环境防治设施必须经原审批环境影响评价文件的环境保护行政主管部门验收合格后，该建设项目方可投入生产或者使用。对固体废物污染环境防治设施的验收应当与对主体工程的验收同时进行”。

涉及产生危险废物的建设项目，应当严格进行环境影响评价，要结合建设项目主辅工程的原辅材料使用情况及生产工艺，强化工程分析，全面合理分析各类危险废物的产生环节、种类、危害特性、产生量、利用或处置方式，科学预测危险废物的产生、收集、贮存、转移、利用和处置量及其环境影响。对危险废物产生强度大以及所产生的危险废物分析不清、无妥善利用或处置方案和风险防范措施的建设项目，不予批准其环评文件。建设项目竣工验收环境保护验收时，应对危险废物产生、贮存、利用和处置情况，风险防范措施、管理计划等进行核查，同时应以环境无害化为前提，提出污染防治对策。

对于危险废物收集、贮存、利用、处置项目，应当坚持就近处置和集中处置原则，符合危险废物污染防治规划及其他有关规划要求。环保部门在审批危险废物收集、贮存、利用、处置建设项目环评文件时，审批部门应当征求同级固体废物管理部门的意见。危险废物利用处置项目排放水、大气主要污染物及重点重金属（汞、砷、铅、铬、镉）的，在环评审批前须取得相应的总量控制指标并明确来源。审批危险废物利用处置项目环评文件，要重点关注危险废物来源分析，其原料应主要来源于本辖区。

为认真落实国家环保总局《关于防范环境风险加强环境影响评价管理的通知》（环发〔2005〕152 号）文件精神，2006 年 7 月，江苏省环保厅印发了《关于切实做好建设项目环境管理工作的通知》（苏环管〔2006〕98 号），提出“严格执行项目审批的‘四不准’和‘十不批’原则，对违反上述规定的环评文件一律不得批准；严格执行我厅和省发改委、省经贸委联合下发的《关于开展太湖流域地区化工行业污染整治工作的通知》（苏环控〔2005〕50 号）和《关于明确苏北地区建设项目环境准入条件的通知》（苏环管〔2005〕262 号），不得审批太湖流域和苏北地区禁止审批的项目。为防止隐患，各级环保部门在审批化工、电镀、印染、酿造等项目以及涉及到居民拆迁、饮用水源保护等敏感问题项目时，一定要十分慎重。对于审批前提条件多且实施难度大的项目，不予审批”。通知文件还提出，“严格按总局《关于防范环境风险加强环境影响评价管理的通知》和《环境风险评价导则》要求，新建、改建或扩建化工石化类建设项目及其他存在有毒有害物质的建设项目，必须进行环境风险评价，并加强对环境风险评价专章的审查；新布设的化工石化集中工业园区、基地以及其他存在有毒有害物质的建设项目的园区、基地，必须进行开发建设规划的环境影响评价，增设环境风险评价专章，加强环境可行性与风险性论证，凡未完成区域环评报批的，各级环保部门原则上不得受理上述区域范围内的建设项目环境影响评价文件”。

其中，前述“四不准”原则是指：不符合环境法律法规、国家产业政策的项目，一律不批；选址、选线与规划不符，布局不合理的项目，一律不批；对饮用水源保护区等环境敏感地区产生重大不利影响，群众反应强烈的项目，一律不批；在超过污染物总量控制指标、生态破坏严重或者尚未完成生态恢复任务的地区，对增加排污总量和严重影响生态环境的建设项目，一律不批。

前述“十不批”原则是指，对下列项目不予审批：

1）国家明令淘汰、禁止建设的、不符合国家产业政策的项目。

2）列入国务院清理整顿范围，不符合国家政策规定的钢铁、电解铝、水泥、电石、铁合金、焦炭、平板玻璃、13.5 万千瓦及以下火电机组等项目。

3）位于饮用水源保护区、自然保护区、风景名胜区、重要生态功能区以及生态环境敏感区等区域，影响生态和污染环境的项目。

4）不符合城市总体规划、环境保护规划的项目。

5）位于自然保护区核心区、缓冲区内的项目。

6）占用自然保护区实验区，对当地生态环境造成破坏的，或者建设在自然保护区外围地带，但损害自然保护区内的环境质量和生态功能的项目。

7）原有设施污染物排放达不到国家和地方排放标准和总量控制要求，不能通过“以新带老”“以大带小”的措施实现“增产不增污”的项目。

8）环境污染严重，产品质量低劣，高能耗、高物耗、高水耗，污染物不能达标排放的项目。

9）在环境质量不能满足环境功能区要求，无法通过区域平衡等替代措施削减污染负荷的项目。

10）被明令限期治理的企业，以及“两控区”污染防治规划、三峡库区及上游水污染防治规划中污染治理项目没有按期完成治理任务的企业的新建和改、扩建项目。

为保障环境安全，促进危险废物处置基础设施建设，2014 年 12 月江苏省环境保护厅发布了《关于进一步严格产生危险废物工业建设项目环境影响评价文件审批的通知》（苏环办〔2014〕294 号文），对严格控制和暂停新产生危险废物的工业建设项目环评审批提出了明确要求：

“一、年产生危险废物 100 吨以上的项目环评文件审批，需征求同级固废管理部门意见。对环评文件中未按《江苏省建设项目环境影响评价固体废物相关内容编写技术要求（试行）》（苏环办〔2013〕283 号）编写危险废物相关内容，危险废物处置利用委托合同弄虚作假，或其危险废物委托处置利用单位能力明显不足的，各级固废管理部门应提出暂停审批的意见，同级环评审批部门应停止该环评文件的审批。”

“三、有下列情形之一的，除依法处理外，省厅可暂停审批该地区或者工业集中区除污染防治以外的产生危险废物的工业建设项目环境影响评价文件：

（一）需焚烧的危险废物产生、贮存量超过其现有处置能力 50%以上的；区域内危险废物产生面广量大且无配套焚烧处置能力的。

（二）现有危险废物集中焚烧设施监督性监测结果超标，经整改仍连续两年不能实现达标排放，导致危险废物得不到安全处置的，以及非法排放、倾倒、处置造成重大环境污染事故(或重大影响)的。

(三) 新、改、扩建危险废物集中焚烧、填埋项目在承诺建设期限内不能按期兑现的。

(四) 需焚烧处置的危险废物产生量大于 5 000 吨/年，未配套建设危险废物集中焚烧设施且省辖市范围内不能平衡处置的化工园区；需填埋处置的危险废物产生量大于 10 000 吨/年，省辖市范围内未配套建设危险废物安全填埋场的化工园区。

(五) 典型危险废物(如电镀、酸洗污泥，垃圾焚烧飞灰)年产生数量相对较大，且连续两年得不到妥善处置的。

(六) 危险废物规范化管理抽查合格率低于 60%的。

暂停项目审批的地区，经整改或相关处置能力建设达到解除项目审批要求的，方可向省厅提出解除暂停项目审批的申请。”

2018 年 1 月 16 日，江苏省环境保护厅印发了《关于贯彻落实建设项目危险废物环境影响评价指南要求的通知》(苏环办〔2018〕18 号)，通知规定，“三、对已通过环评审批、未开工建设的项目，建设单位应对照《指南》《固体废物鉴别标准 通则》(GB 34330—2017)、《国家危险废物名录》(2016 版)等进行自查，发现危险废物属性、产生量、种类等错评、漏评等情形的，属于重大变动的，应按现行审批权限重新报批该项目环境影响评价文件；不属于重大变动的，应当按照《关于加强建设项目重大变动环评管理的通知》(苏环办〔2015〕256 号)的要求编制《建设项目变动环境影响分析》，纳入竣工环境保护验收管理。对建设、运行过程中产生不符合经审批的环境影响评价文件情形的项目，建设单位应当组织环境影响后评价，采取改进措施，并报有关环境影响评价文件审批部门备案”。同时明确，原《关于加强建设项目环评文件固体废物内容编制的通知》(苏环办〔2013〕283 号)废止，《江苏省建设项目环境影响评价固体废物相关内容编写技术要求(试行)》不再执行。

为切实加强化工园区环境保护工作，全面推进化工园区规范化可持续发展，江苏省环境保护厅印发了《江苏省化工园区环境保护体系建设规范(试行)》(苏环办〔2014〕25 号)，其中规定，“3.1.2　化工项目的核准(备案)由省辖市及以上投资主管部门负责，并实施严格的行业准入管理。新建(含异地搬迁)化工项目投资额不得低于 1 亿元(不含土地费用、不得分期投入)。强化危险废物和化学品监管，凡未落实危险废物合理利用、处置途径的新建项目，一律不予审批。严禁新上感官差、毒性强、治理难度大的化工项目。”

为提高江苏省电镀及酸洗污泥综合利用行业的整体技术和管理水平，淘汰落后的综合利用工艺和设施，确保污染物稳定达标排放，降低再生产品流通的环境风险，引导形成管理规范、技术先进、能力充足的危险废物利用处置体系，2017 年 6 月，省环保厅制订了《江苏省电镀及酸洗污泥综合利用行业环境管理要求》（简称《管理要求》），通过《关于进一步规范我省电镀及酸洗污泥综合利用行业环境管理工作的通知》（苏环规〔2017〕3 号）文件发布，自 2017 年 9 月 1 日起正式生效。《管理要求》明确规定，"《管理要求》生效后，新（改、扩）建及未通过环评审批的电镀及酸洗污泥综合利用处置设施的设计、建设、运行应按《管理要求》执行；已通过环评审批，但未通过建设项目环保验收的电镀及酸洗污泥综合利用设施应于《管理要求》生效后 3 年内完成整改；已通过建设项目环保验收的电镀及酸洗污泥综合利用设施应于《管理要求》生效后 2 年内完成整改。相关时效内整改达不到《管理要求》的，其危险废物经营许可证期满后不再换发。自《管理要求》要求生效之日起，不再受理电镀及酸洗污泥干化预处理新（改、扩）建项目的经营许可申请；现有干化预处理项目经营许可有效期不得超过 2019 年底。请各市、县（市、区）在相关危险废物经营项目环评审批、验收及许可预审、审批时，按《管理要求》严格把关"。

4.1.2 严格涉危建设项目环境准入

2005 年 8 月，时任浙江省委书记的习近平同志在浙江湖州安吉考察时，提出了"绿水青山就是金山银山"的科学论断。"绿水青山就是金山银山"观念的落实，将从根本上改变传统经济增长方式和消费方式，重新调整和协调社会各主体之间的利益关系，打破简单把发展与保护对立起来的思维束缚。环境保护与经济发展是一体融合的，抓环境保护就是抓发展，绿色发展才是可持续发展。而坚持绿色发展，只有不断从环境准入制度上进行完善，严把环境准入关，才可以真正地构筑一道生态屏障。这道生态屏障可以从源头上控制高污染高耗能资源型企业，为基层环保系统提供一道控制污染的抓手[1]。同时，加强危险重点产生源监管，夯实申报登记工作基础；推动危险废物减量化的产业结构调整，严格环境准入；加强危险废物监管体系建设；实施危险废物规范化管理，开展源头减量化技术研究。

化工园区产生的很多环境问题从根源上讲，是源于初端预防机制建设不足，或实施效果不佳。因此，环境准入制度是预防环境污染和生态破坏的第一道防线，是从源头控制污染的重要管理制度。不少园区刚刚起步，基础设施的配套条件上不具备，就忙于招商会、洽谈会，使得园区项目的准入门槛非常低。在没有产业经济基础、人才优势、发展缓慢、无竞争优势的情况下，出台一些以牺牲国家利益为代价的"优惠政策"，以超低的地价，甚至零地价作为砝码来吸引投资者。为了实现经济的发展，有的园区以牺牲环境为代价，将国家明令禁止的污染重、生产规模小、生产工艺落后的项目也引进园区，甚至还出现把境外无法立足的重污染源乘机转移进园区的情况，完全违背了可持续发展的理念。

园区项目的选择应符合国家产业政策和行业发展方向，适合本园区特色，对入园项目要进行严格筛选、科学论证、有取有舍，对那些不符合规划精神、不能发挥园区特色的项目，要敢于放弃。要选择产品新、效益好、科技含量高的项目，避免一些国家和地区将低档次产品或技术落后、污染大的项目转移到我国化工园区。对投资者的业绩资质也应进行审核[2]。

为了根治某些化工园区建设时对环境影响评价等制度落实不到位，给后续环境污染问题埋下隐患的困境，并杜绝因后续环评流于形式而导致环境污染的现象发生，环保部和江苏省环保厅近年来陆续出台行业相关政策，加强涉危项目环境准入制度的建设。

2013 年 3 月，环境保护部下发了《关于印发〈铬盐行业环境准入条件(试行)〉的通知》(环办〔2013〕27 号)。2013 年 4 月江苏省环保厅发文《省环保厅转发环保部关于印发〈铬盐行业环境准入条件(试行)〉的通知》(苏环办〔2013〕110 号)，要求省内各级环保部门结合实际，抓好贯彻落实。本通知文件规定了铬盐行业环境准入条件的适用范围、总则要求、产业规划及布局要求、规模与工艺技术要求、清洁生产指标、污染防治要求和环境管理规定等，对铬盐项目产生的含铬废渣、铝泥、芒硝、硫酸氢钠、污水处理污泥等含铬危险废物，提出了清洁生产、资源化利用、堆存、污染控制等方面的准入要求。

2015 年 12 月底，环境保护部发布关于印发《现代煤化工建设项目环境准入条件(试行)》的通知(环办〔2015〕111 号)，按照"环境优先、合理布局、环保示范、源头控制、风险可控"的原则，制定了新建、改建和扩建现代煤化工生产建设项目的环境准入条件，要求"按照'减量化、资源化、无害化'原则对固体废物优先进行处理处置。危险废物立足于项目或园区就近安全处置。项目配套建设的危险废物贮存场所和一般工业固体废物贮存、处置场所应符合《危险废物贮存污染控制标准》(GB 18597)、《一般工业固体废物贮存、处置场污染控制标准》(GB 18599)及其他地方标准要求。废水处理产生的无法资源化利用的盐泥暂按危险废物进行管理；作为副产品外售的应满足适用的产品质量标准要求，并确保作为产品使用时不产生环境问题"。

在江苏省级层面，2014 年出台的《江苏省化工园区环境保护体系建设规范(试行)》对化工园区危险废物处置设施建设作出规定：

"2. 6. 1 园区内危险废物应就近处置，安全处置率达 100%。

2. 6. 2 危险废物产生量大于 5 000 吨/年且需采取焚烧处置的园区，应配套建设危险废物集中焚烧设施;危险废物产生量大于 10 000 吨/年且需采取填埋处置的园区,应在省辖市范围内配套建设危险废物安全填埋场。

2.6.3 危险废物焚烧设施建设应符合《危险废物焚烧污染控制标准》及《危险废物集中焚烧处置工程建设技术规范》中的相关要求;危险废物安全填埋场建设应符合《危险废物填埋污染控制标准》《危险废物安全填埋处置工程建设技术要求》等相关要求。

2.6.4 园区管理机构应建立安全高效的危险废物运输系统。成立或委托具有危险废物运输资质的运输单位对园区危险废物实行专业化运输,运输车辆须有危险废物警告图形符号。"

为规范废线路板、含铜污泥、蚀刻废液处置利用企业环境管理工作,提升处置利用技术水平,促进工业废物处置行业的持续健康发展,2008 年 12 月,省环境保护厅发布了《关于进一步规范我省废线路板、含铜污泥、蚀刻废液处置利用企业环境管理工作的通知》(苏环控〔2008〕107 号)文件,依据国家、省有关法规及产业政策,提出了对江苏省内新建废线路板、含铜污泥、蚀刻废液处置利用企业的要求:

(一) 生产及经济规模。为提升集中处置企业的经济规模,强化其经营活动的规范性,以确保环境安全,从事废线路板、含铜污泥和蚀刻废液处置利用企业,其注册资金分别不得低于 300 万元、500 万元和 1 000 万元;项目总投资(不包含土地费用)分别不得低于 500 万元、1 000 万元和 3 000 万元,年处理能力(首期规模)分别不得小于 3 000 吨、50 000 吨、10 000 吨。

(二) 项目选址。新建废线路板、含铜污泥处置利用企业必须进工业园区或工业集中区,新建蚀刻废液处置利用企业必须进化工园区或化工集中区。

(三) 生产工艺。所用生产工艺必须符合无害化处置、清洁生产和节能减排的总体要求。

废线路板利用企业,铜提取率必须达到 95%以上,优先采用干法分离、热解法和高温热处理法,不得采用水力摇床分选作为主要加工方式;禁止采用露天焚烧、简单酸浸、冲天炉焚烧等严重污染环境的落后工艺;处理后的粉末必须全部综合利用或安全处置。

含铜污泥处置利用企业,收集预处理企业必须将污泥处理到符合入炉冶炼要求方可转移,鼓励采用余热以低温(<200℃)方式干化污泥,干化过程应当在密闭、负压条件下进行,避免有害气体和粉尘逸出,废气应达标排放;进行铜提取利用的企业必须具备 5 万吨/年以上的含铜污泥处置利用能力,环保投资应不小于总投资(不包含土地费用)的 30%,禁止采用直接燃煤的反射炉熔炼工艺;利用湿法冶金工艺进行含铜污泥处置利用的,其工艺过程应当在封闭式构筑物内进行,排出气体

须进行除湿净化，达标排放，废渣作为危险废物管理，应有合理利用或者安全处置的去向。

蚀刻废液处置利用企业，铜提取率必须达到 99%以上，鼓励采用酸碱性蚀刻废液中和法、离子交换法、萃取法、电解法等清洁生产工艺回收铜并再生蚀刻液，充分利用非铜成分；禁止采用“一步法”回收或处置工艺，以及只回收有价金属的破坏性处理工艺；必须具有先进的污水处理设施，中水回用率必须达到 40%以上。

《关于进一步规范我省废线路板、含铜污泥、蚀刻废液处置利用企业环境管理工作的通知》(苏环控〔2008〕107 号)规定，各级环保部门要根据上述要求，“从严审批新建废线路板、含铜污泥、蚀刻废液处置利用企业，要根据当地废物产生情况，按照危险废物就近处置原则，合理布点，避免盲目投资和重复建设”。

2014 年 5 月，《关于规范涉及重金属污染物排放的建设项目环境管理工作的通知》(苏环办〔2014〕122 号)发布，对江苏省涉重企业明确提出环境准入要求，“认真落实铅蓄电池、电镀、重有色金属冶炼等行业的涉重项目一律不得在重金属专业生产片区外新建和扩建的总体要求，与现有园区产业定位相符的区内搬迁和改建项目，必须做到在本企业内相应重金属污染物考核核算排放总量不增加，并满足区域总量削减要求”。“严格控制新增重金属污染物排放量。认真落实未实现重金属污染物削减目标的地方不得建设增加相应重金属污染物排放项目的总体要求。各级环保部门在涉重建设项目前期咨询时，应告知项目建设单位有关项目选址、环保准入条件相符性、重金属污染物排放量平衡来源等政策要求，对存在难以解决问题的项目应予劝退。负责审批新、改、扩建产生和排放铅、汞、铬、镉、砷等 5 种重点重金属污染物建设项目的市、县环保部门，在环评报告审批前，应填写《重金属污染物排放量平衡表》，连同相关材料，报我厅污防处审核同意后，方可出具同意涉重项目建设的审批意见。重金属污染物排放量在省辖市范围内不能平衡的生活垃圾和产业固体废物处理处置等基础设施建设项目，省辖市环保部门还应向我厅出具项目建设必要性和本地区削减重金属污染物方案等说明文件”。

2017 年 6 月，省环保厅发布《关于进一步规范我省电镀及酸洗污泥综合利用行业环境管理工作的通知》(苏环规〔2017〕3 号)，制订了《江苏省电镀及酸洗污泥综合利用行业环境管理要求》(以下简称《管理要求》)，以规范我省电镀及酸洗污泥综合利用行业发展，确保电镀及酸洗污泥资源化利用、安全处置、污染物稳定达标排放，《管理要求》适用于江苏省范围内电镀及酸洗污泥利用设施的设计、建设和运行管理，从工程选址、主体工艺、再生产品、实验室检测能力、贮存设施、利用处置、二次污染控制和运营管理等方面提出了电镀及酸洗污泥的行业准入管理要求。

4.2 严格落实源头分类制度

随着社会经济的快速发展，人们对合成物质性质的了解和对环境问题认识的加深，所认识到的危险废物来源范围在逐渐扩大。危险废物除了主要来自工业活动以外，其来源还包括居民生活、商业活动、农业生产、医疗服务，甚至包括不完善的环保设施等。按照危险废物的来源分类，可以将危险废物分为工业源（包括矿业）危险废物和社会源危险废物，工业源危险废物主要来自工业生产过程中产生的无法利用的副产物。根据国家环保部 2016 年修订后的《国家危险废物名录》，危险废物共涉及 46 类废物，主要以行业来源进行分类，其中编号为 HW01～HW18 的废物名称具有行业来源特征，主要有医疗废物、医药废物、废药品、农药废物、木材防腐剂废物、废有机溶剂与含有机溶剂废物、热处理含氰废物、废矿物油与含矿物油废物等 18 个大类。

危险废物具有毒害性（含急性毒性、浸出毒性等，如含重金属的废物）、爆炸性（如含硝酸铵、氯化铵等的废物）、易燃性（如废油和废溶剂）、腐蚀性（如废酸和废碱）、化学反应性（如含铬废物）、传染性（如医院临床废物）、放射性等一种或几种以上的危害特性，并以其特有的性质对环境产生污染。每种危险废物可能同时具有一种或多种危险特性，如磷化铝属于农药废物（HW04），它与酸类物质接触、遇潮放出有毒气体磷化氢，与强氧化剂接触发生猛烈反应，有着火、爆炸的危险，即它具有反应性，也具有易燃易爆性和毒性，在进行收集、贮存、运输、处置过程中应该分类管理。

危险废物因其种类繁多，性质复杂，危害特性和方式各有不同，应根据不同的危害特性与危害程度，采取区别对待、分类管理的原则。有些危险废物到达处置环节已经混杂，危险性更大，尤其需要在危险废物产生的工业前端开展鉴别和分类，从源头开始分类，再针对不同特点采取不同处理工艺，才能减少后续处理量保证处理效果，让危险废物处置在各个环节确保安全。

我国实行危险废物源头分类制度，作为危险废物环境管理基本制度之一。《固废法》第五十八条规定，“收集、贮存危险废物，必须按照危险废物特性分类进行。禁止混合收集、贮存、运输、处置性质不相容而未经安全性处置的危险废物。贮存危险废物必须采取符合国家环境保护标准的防护措施，并不得超过一年；确需延长期限的，必须报经原批准经营许可证的环境保护行政主管部门批准；法律、行政法规另有规定的除外。禁止将危险废物混入非危险废物中贮存”。

危险废物综合经营单位贮存其收集的危险废物确需延长贮存期限的，必须报经原批准经营许可证的环境保护行政主管部门批准。持有危险废物收集经营许可证的单位贮存其收集的危险废物贮存期限为三个月以内，不得延期。

根据危险废物特性和产生量，确保在危险废物收集、贮存的过程中不发生环境污染事件和安全事故，涉及危险废物的车间和部门都要严格遵守源头分类制度。(1)在进行危险废物收集工作时，一定要采取防泄漏防扩散措施，并让专门从事危险废物管理人员进行。(2)根据本厂自身情况产生的危险废物，在厂区内设置危险废物临时贮存场所，不同类废物不同存放，且不同类废物间有明显的间隔。(3)危险废物应与一般废物分开存放；工业危险废物与办公、生活废物分开存放；固态、液态、置于容器中的气态废物分开存放；性质不相容的废物分开存放；利用和处置方法不同的废物分开存放。(4)在危险废物包装容器或储存场所设有危险废物标识牌，标识牌严格按照国家标准制定。(5)危险废物贮存设施有专业危险废物管理人员看守管理。

2015 年 12 月，为贯彻落实《江苏省污水处理设施环境保护监督管理办法》(省政府 2011 年第 71 号令)，加强全省工业污泥环境管理工作，省环境保护厅印发了《关于加强工业废水处理污泥环境管理工作的通知》(苏环办〔2015〕327 号)，对工业污泥实行分类管理。“工业污泥产生单位(包括工业企业和工业废水集中处理厂，下同)应严格按照环评文件明确的污泥属性进行利用处置，未明确属性或环评文件要求开展鉴别的应按国家相关标准、规范进行鉴别。各地要以化工、电镀、酸洗、印染等典型行业、工业废水集中处理厂及工业污泥利用处置单位为重点，结合污泥危险特性实行分类管理。工业污泥属于危险废物的，其收集、运输、利用、处置应同时符合危险废物污染环境防治的有关规定。”“工业污泥产生单位应加强生产废水的分类分质处理，降低污泥中有毒有害物质含量，鼓励按物化、生化工段分别处置污泥。”

4.3 推进清洁生产审核

4.3.1 清洁生产与清洁生产审核

(1) 清洁生产

2002 年 6 月 29 日第九届全国人民代表大会常务委员会第二十八次会议通过《中华人民共和国清洁生产促进法》，对清洁生产的定义是：“不断采取改进设计、使用清洁的能源和原料、采用先进的工艺技术与设备、改善管理、综合利用等措施，从源头削减污染，提高资源利用效率，减少或者避免生产、服务和产品使用过程中污染物的产生和排放，以减轻或者消除人类健康和环境的危害。”通俗地说，清洁生产是一种工业生产方法，通过产品设计、能源和原料选择、技术革新、设备更新、工艺改造、生产过程管理和物料内部循环利用等环节的全过程控制，可以提高物质转化过程中的资源利用率，最大限度地减少废物的生成和排放，是使工业生产污染资源化、减量化、无害化的源头控制模式。由此可以看出，实施清洁生产体现了四个方面的原则：

- 减量化原则，即资源消耗最少、污染物产生和排放最小。
- 资源化原则，即"三废"最大限度地转化为产品。
- 再利用原则，即对生产和流通中产生的废弃物，作为再生资源充分回收利用。
- 无害化原则，尽最大可能减少有害原料的使用以及有害物质的产生和排放。

清洁生产包括清洁的产品、清洁的生产过程和清洁的服务三个方面，主要内容有：(1)从资源节约和环境保护两个方面对工业产品生产从开始设计到产品使用过程直至最终处置，实行全过程考虑和要求；(2)不仅对生产，而且对服务也要求考虑对环境的影响；(3)对工业废弃物实行费用有效的源削减，一改传统的不顾费用有效或单一末端控制的方法；(4)可提高企业的生产效率和经济效益，与末端处理相比，更能受到企业的欢迎；(5)它着眼于全球环境的彻底保护，为全人类共建一个洁净的地球带来了希望。因此，清洁生产对产品的全部生产过程和消费过程的每一个环节都要进行统筹考虑和控制，使所有环节都不产生或者尽量少产生危害环境的物质，这对于化工园区危险废物从产生源头削减到末端处置全过程管理具有重要意义。

清洁生产制度是风险预防原则和危险废物产生最小化原则的集中体现，其基本精神就是源削减。它体现了粗放型生产模式向集约型生产模式的转变，标志着从污染末端的事后治理向风险预防的事前防范的转变[3]。就危险废物管理来说，发展中国家工业化学品产量增加，对能源、资源的需求，污染物的产生(生产过程中、产品使用过程中以及产品变成废物后的污染物)以及产生的废物量都有影响。因此，提高国内清洁生产能力，将是筹划可持续经济增长战略、防止各种废物出现和减轻其影响的一个重要组成部分。

清洁生产以预防污染为主，通过改进生产工艺，将废物管理的控制手段向生产过程的上游转移，从而减少对下游控制手段的过分依赖，避免用末端治理手段解决危险废物造成的环境问题。它不仅可以减少危险废物的产生量，而且可以通过工艺的改进以及原材料的筛选减轻甚至消除废物的危害性或毒性。

(2) 清洁生产审核

2016年5月16日国家发展和改革委员会、国家环保部修订了《清洁生产审核暂行办法》,发布了《清洁生产审核办法》(第 38 号令),办法于 2016 年 7 月 1 日起施行。《清洁生产审核办法》规定:清洁生产审核,是指按照一定程序,对生产和服务过程进行调查和诊断,找出能耗高、物耗高、污染重的原因,提出降低能耗、物耗、废物产生以及减少有毒有害物料的使用、产生和废弃物资源化利用的方案,进而选定并实施技术经济及环境可行的清洁生产方案的过程。

清洁生产审核以前亦称为清洁生产审计,其对象是企业单位。清洁生产审核是对企业现行的和计划进行的工业生产实行预防污染的分析和评估,是企业实行清洁生产的重要前提。在实行预防污染分析和评估的过程中,应制定并且实施减少能源、水和原材料使用,消除或减少产品和生产工艺过程中有毒物质使用,减少各种废物排放及其毒性的方案。其主要内容包括:

- 审查使用的原辅材料是否有毒有害,是否难于转化为产品,产生的三废是否难以回收利用等,能否选用无毒、无害、无污染或少污染的原辅材料;
- 审查生产过程、工艺设备是否陈旧落后、工艺技术水平、过程控制自动化程度、生产效率与国内外先进水平的差距等,找出主要原因进行相应的工业技术改造,优化工艺操作;
- 审查企业管理情况,对企业的工艺、设备、材料消耗、生产调度、环境管理等方面,找出因管理不到位而使原辅材料消耗高、能耗高、排污多的原因与责任,从而拟定加强管理的措施与制度,提出解决方法;
- 审查产品使用过程中或废物处置过程中是否有毒、有污染,对有毒、有污染的尽可能选择替代品,使产品及废物处置过程无毒、无污染;
- 对需要投资改造实现清洁生产的方案进行技术、环境、经济的可行性分析,以选择技术可行、环境与经济效益最佳的方案予以实施。

清洁生产审核是对企业生产全过程中可能产生的污染进行定量的监测,找出污染原因,提出对策,制定清洁生产方案,以防止和减少污染的产生同时也能对企业实施清洁生产进行阶段性的审查分析是企业推行清洁生产、进行全过程污染控制的核心,也是执行清洁生产的环境工具。清洁生产评价主要对企业实施清洁生产方案后取得的成效进行统计分析,涉及生产全过程、产品全过程和管理全过程,评估企业实施清洁生产对周围环境的整体影响[4]。

因此,清洁生产审核既是清洁生产评价的前期准备阶段,也是推行持续清洁生产必不可少的手段,清洁生产评价既能对清洁生产审核的结果进行判断,也能找出实施清洁生产过程中存在的不足和问题,两者是互相依存、相辅相成的。清洁生产审核是首先对组织现在的和计划进行的产品生产和服务实行预防污染的分析和评估。在实行预防污染分析和评估的过程中,制定并实施减少能源、资源和原材料使用，消除或减少产品和生产过程中有毒物质的使用，减少各种废弃物排放的数量及其毒性的方案。其总体思路分为三个部分，即废弃物产生的位置（污染源清单）、废弃物产生的原因（原因分析）和减少或消除这些废弃物的方式（方案产生和实施）。

清洁生产审核分为自愿性审核和强制性审核。《清洁生产审核办法》第八条规定："有下列情形之一的企业，应当实施强制性清洁生产审核：

（一）污染物排放超过国家或者地方规定的排放标准，或者虽未超过国家或者地方规定的排放标准，但超过重点污染物排放总量控制指标的；

（二）超过单位产品能源消耗限额标准构成高耗能的；

（三）使用有毒有害原料进行生产或者在生产中排放有毒有害物质的。

其中有毒有害原料或物质包括以下几类：

第一类，危险废物。包括列入《国家危险废物名录》的危险废物，以及根据国家规定的危险废物鉴别标准和鉴别方法认定的具有危险特性的废物。

第二类，剧毒化学品、列入《重点环境管理危险化学品目录》的化学品，以及含有上述化学品的物质。

第三类，含有铅、汞、镉、铬等重金属和类金属砷的物质。

第四类，《关于持久性有机污染物的斯德哥尔摩公约》附件所列物质。

第五类，其他具有毒性、可能污染环境的物质。"

自1993年开始，我国开始与世界银行、亚洲开发银行，以及加拿大、美国、挪威等发达国家开展清洁生产合作项目。《中华人民共和国清洁生产促进法》于2003年1月1日起正式实施，对经济贸易行政主管部门和环境保护行政主管部门在清洁生产促进工作中的职责进行了详细的规范。同年，原国家环境保护总局开始陆续颁布行业的清洁生产标准。2003年12月，国务院在《关于加快推行清洁生产意见的通知》中要求提高清洁生产技术开发水平和创新能力，用先进适用技术改造传统产业，科技开发计划应将清洁生产作为重点领域。为全面推行清洁生产，国家发展改革委和原国家环境保护总局联合发布了《清洁生产审核暂行办法》，自2004年10月1日起实施，办法中明确了开展强制性审核的划分依据。组织实施清洁生产审核是推行清洁生产的重要途径，2005年，国务院下发的《关于落实科学发展观加强环境保护的决定》中明确提出"实行清洁生产并依法强制审核"的要求。2005年12月13日，原国家环境保护总局出台了《重点企业清洁生产审核程序的规定》，体现了推进全国重点企业开展清洁生产审核工作的重要性和紧迫性。2008年7月1日，国家环境保护部下发了《关于进一步加强重点企业清洁生产审核工作的通知》，通知明确了环保部门在重点企业清洁生产审核工作中的职责和作用，要求抓好重点企业清洁生产审核、评估和验收，加强清洁生产审核与现有环境管理制度的结合，规范管理清洁生产审核咨询机构，提高审核质量，规定了重点企业清洁生产审核的奖惩措施。2008 年，国家环境保护部、国家清洁生产中心为进一步推进重点企业清洁生产审核工作的开展，提出了构建国家清洁生产三级体系的工作思路，并在全国选定了 4 家省级清洁生产中心作为第一批试点单位。这些都标志着我国的清洁生产工作已走上了法制规范化的道路[5]。

废水、废气中主要污染物的治理投入和工程设施建设运行外，2015 年，全国完成清洁生产审核企业 9 012 家，其中进行强制性审核的企业 6 920 家。应开展监测的重金属污染防控重点企业 3 275 家，其中重金属排放达标的重点企业 2 881 家。已发放危险废物经营许可证 1 578 个，其中具有医疗废物经营范围的许可证 284 个[6]。

4.3.2 园区企业清洁生产审核

目前，我国企业清洁生产，比较注重末端治理，忽视了过程中的污染控制以及污染预防，不仅增加了环境污染的治理压力，更是浪费了生产资源。在此背景下，企业清洁生产提出了审核技术，主要是利用污染预防的方法，提高企业清洁生产的经济效益和环境效益。审核技术在企业清洁生产方面，具有资源型、强制性的特征，强化企业清洁生产的基础，根据企业的不同需求，发挥清洁生产审核技术自愿性、强制性的特征，促使企业生产达到环境保护的目标。企业清洁生产审核技术，是在企业发展过程中提出的，注重企业环境与效益建设[7]。

《固废法》第三条国家对固体废物污染环境的防治，实行减少固体废物的产生量和危害性、充分合理利用固体废物和无害化处置固体废物的原则，促进清洁生产和循环经济发展。2015 年 12 月，江苏省环境保护厅印发了《关于加强工业废水处理污泥环境管理工作的通知》(苏环办〔2015〕327 号)，年产生 100 吨以上工业污泥的，各地应按照清洁生产规范要求逐步纳入强制性清洁生产审核，审核报告中应具有污泥减量方案。引导和鼓励工业污泥产生量大的企业自建利用处置设施。

目前，清洁生产审核的研究与实践大多停留在单个企业的层次上，而企业层次的清洁生产审核又仅关注企业内部生产过程，具有一定的局限性。随着各类产业园区的建设和发展，将清洁生产审核应用于产业园区清洁生产的整体推动，提高清洁生产实施的层次和效率，使其成为解决区域环境问题的一种新方法[8]，促进企业园区整体清洁生产水平的提升。

在开展园区清洁生产审核项目工作时，咨询人员首先要解放自己的思想，分清园区审核和单个企业审核的不同点，将审核仅关注生产过程向产品的生命周期及服务拓展，提出可行的中高费方案；其次咨询人员要提升自己沟通能力，使企业从不配合到被动接受再到积极主动完成清洁生产[9]。

在效果计算上，不仅要计算对企业本身的经济环境效果，还需要把园区及社会的经济环境效果算入该企业清洁生产审核的效果中。

在筹划组织阶段成立清洁生产审核项目工作小组，包括环保产业园和环保产业协会领导及相关人员、清洁生产审核专家、各企业清洁生产负责人等。

对已经通过验收的企业进行持续清洁生产的跟进，并优先推广清洁生产企业的清洁技术及产品。利用已有的网络平台对各企业的生产、经营状况、污染排放状况、环境影响等信息建立完善的信息数据库，实现信息共享，建立企业与专家之间、企业与企业之间的交流渠道，增强企业自身清洁生产驱动力，提高园区整体清洁生产水平[10]。

4.3.3 清洁生产审核程序

环境保护部清洁生产中心提供的清洁生产的审核程序包含筹划与组织、预审核、审核、方案的产生与筛选、可行性分析、方案的实施、持续清洁生产等七个步骤。其工作程序如下所示：

(1) 筹划和组织

● 取得倾倒支持(宣讲效益、阐明投入)

● 组建审核小组(推选组长、选择成员、明确任务)

● 制定工作计划

● 开展宣传教育(确定宣传的方式和内容、克服障碍)

(2) 预评估

● 进行现状调研

● 进行现场考察

● 评价产物排污状况(对比国内外同类企业产物排污状况、初步分析产物原因、评价企业环保执法状况、作出评价结论)

● 确定审核重点(确定备选审核重点、确定审核重点)

● 设置清洁生产目标

● 提出和实施无/低费方案

(3) 评估

● 准备审核重点资料(收集资料、编制审核重点的工艺流程图、编制单元操作工艺流程图和功能说明表、编制工艺设备流程图)

● 实测输入输出物流(准备及要求、实测、汇总数据)

● 建立物料平衡(进行预平衡测算、编制物料平衡图、阐述物料平衡结果)

● 分析废弃物产生原因(原辅料及能源、技术工艺、设备、过程控制、产品、废弃物、管理、员工、提出和实施无/低费方案)

(4) 方案产生和筛选

● 产生方案(来源广泛,如创新思路、根据物料平衡和针对废弃物产生原因分析产生方案,广泛收集国内外同行业先进技术、组织行业专家进行技术咨询、全面系统地产生方案等)

● 分类汇总方案

● 筛选方案(初步筛选、权重总和计分排序、汇总筛选结果)

● 研制方案(内容、原则)

● 继续实施无/低费方案

● 核定并汇总无/低费方案实施效果

● 编写清洁生产中期审核报告

(5) 可行性分析

● 进行市场调查(调查市场需求、预测市场需求、确定方案的技术途径)

● 进行技术评估

● 进行环境评估

● 进行经济评估(清洁生产经济效益的统计方法、经济评估方法、经济评估指标及其计算、经济评估准则)

● 推荐可实施方案

(6) 方案实施

● 组织方案实施(统筹规划、筹划资金、实施方案)

● 汇总已实施的无/低费方案的成果

● 验证已实施的中/高费方案的成果(技术评价、环境评价、经济评价、综合评价)

● 分析总结已实施方案对企业的影响(汇总环境效益和经济洁效益、对比各项单位产品指标、宣传清生产成果)

(7) 持续清洁生产

● 建立和完善清洁生产组织(明确任务、落实归属、确定专人负责)

● 建立和完善清洁生产管理制度(把审核成果纳入企业的日常管理、建立和完善清洁生产激励机制、保证稳定的清洁生产资金来源)

● 制定持续清洁生产计划

● 编制清洁生产审核报告

4.4 鼓励企业自建利用处置设施

当前,越来越多的企业选择了以自建危险废物利用处置设施的方式处置自身产生的危险废物,这种方式不仅可以有效节约危险废物处置的公共资源,还可以减少危险废物非法处置的环境安全隐患。但不少企业在利用处置设施的运行、维护和相关法律法规认知上仍然存在欠缺,如未规范建立危险废物自行利用处置台账、利用处置设施的污染防治措施落实不到位等。甚至个别企业为了追求利益最大化,擅自接收和处置外单位的危险废物,将自行处置行为变为对外经营行为。对这一类企业,更应注重引导企业合法、合规处置危险废物,提升自身管理水平,减少污染物排放[11]。对于如何规范自建利用处置设施企业行为,可以从以下几方面展开:

(1) 发挥环评指导作用,使危险废物利用处置设施建得合法、合规

环境影响评价对企业的生产具有指导意义,也为监管部门提供技术支撑。新建的危险废物自行利用处置设施应在其配套的建设项目环评中按建设项目建设和运营的不同阶段对其开展环境影响分析预测。按照《危险废物焚烧污染控制标准》(GB18484)、《水泥窑协同处置固体废物污染控制标准》(GB 30485)等标准要求,分析论证建设项目自建危险废物处置设施的技术、经济可行性,包括处置工艺、处理能力是否满足要求,装备(装置)水平的成熟、可靠性及运行的稳定性和经济合理性,污染物稳定达标的可靠性等。在当前简政放权的背景下,企业更应履行好主体责任,及时在环评中增加利用处置设施相关内容,这不仅可以做到程序合法,更可以为企业规范使用设施提供操作指南。

(2) 做好三本账,使危险废物自行利用处置行为说得清、道得明

① 做好危险废物产生、处置台账。由于这类企业所利用处置的危险废物均来源于内部,因此,企业可以实现对产生的危险废物从贮存、运输到处置的闭环管理。这个特点最好的体现就是在危险废物管理台账。企业可将产生、处置的危险废物通过建立自行利用处置台账进行详细记录,也是企业自证清白,排除开展经营活动的依据之一。

② 做好危险废物利用处置设施运行台账记录。设施运行记录是对设施运行情况最真实的体现,包括运行时间、设施运行相关参数数据、设施检修情况等。焚烧处置的,应记录焚烧炉温、含氧量、污染物排放实时监测数据等内容。这本台账可以为产生、处置台账记录的真实性提供了支持,并为企业烟气等污染防治设施运行情况提供参考。

③ 做好新产生危险废物处置台账。无论是综合利用还是焚烧处置，末端都会有新的危险废物产生，如焚烧飞灰、冶炼渣等，对新产生的危险废物，应该做到规范贮存、处置。

（3）强化环境监测，确保利用处置设施稳定达标排放

自建危险废物利用处置设施的目的是为了管控危险废物处置风险，而非换种方式进行污染转移。这就要求企业具有严格的自律性，对利用处置过程中产生的污染物加以控制，做到达标排放。国家目前已出台多部关于危险废物利用处置设施相关的技术规范和污染控制标准，虽然对自建危险废物利用处置设施企业来说，他们的处置方式不属于集中利用处置，但就利用处置危险废物的设施来说，这些规范和标准是必须遵守的。因此，企业应参照《危险废物集中焚烧处置工程建设技术规范》等规范、标准的要求，制定详细的环境监测方案，充分考虑利用处置废物的组成成分，科学确定监测项目，定期开展监测。其次，对自建焚烧处置设施的企业，建议安装在线监测设施，并在厂区醒目位置安装工况显示屏，对主要污染物的实时监测数据进行信息公开，对接受群众监督。此外，应该定期对利用处置设施进行维护保养，并做好相关记录。

自建利用处置设施处置危险废物，在政策上可以给予适当鼓励，在对其日常监管上，更多的是要按照部分危险废物经营单位的监管要求对其利用处置过程进行严格监管，只有这样，才能真正让自建利用处置设施处置危险废物成为缓解当前危险废物产生、处置间突出矛盾的重要途径之一。

以自建危险废物焚烧处置设施为例，试点化工园区中的自建设施集团内共享试点企业A，从总体能力要求、处置设施系统配置、运行管理等几方面进行简单介绍。总体能力要求：自建危险废物焚烧处置设施须依法进行环境影响评价，并通过审批和“三同时”验收。自建危险废物焚烧处置主体设施应包含预处理系统、焚烧系统、烟气净化系统、自动化控制系统、在线监测系统、报警系统、应急安全防爆系统、电气系统等。设计要求为采用对废物种类适应性强的回转窑焚烧炉。

自建危险废物焚烧处置设施系统配置包括危险废物接收系统、贮存系统、预处理和进料系统、焚烧处置系统、二次污染控制系统以及在线监测系统。

在运行管理方面，应按照国家的法律、法规，结合危险废物规范化管理要求，分岗位建立完善的内部管理制度，建立健全档案、台账，按日在“江苏省危险废物动态管理信息系统”中填报危险废物接受、贮存、处置及焚烧灰渣产生情况。制定自建危险废物焚烧处置设施意外突发事故预防措施，配备相应应急装备、设施，定期开展应急演练。

参考文献

[1] http://hddc.mep.gov.cn/dcgz/201712/t20171229_428839.shtml
[2] 马生柏. 浅谈化工园区存在的主要环境问题及解决对策[J]. 科技创新导报，2009(5)：127-128.
[3] 陈维春. 危险废物管理之清洁生产制度[J]. 华北电力大学学报(社会科学版)，2011(1)：7-9,39.
[4] 张志宗. 清洁生产效益综合评价方法研究[D]. 东华大学，2011.
[5] 张志宗. 清洁生产效益综合评价方法研究[D]. 东华大学，2011.
[6] 2015 环境统计公报 http://www.mep.gov.cn/gzfw_13107/hjtj/qghjtjgb/201702/t20170223_397419.shtml
[7] 刘洋. 企业推行清洁生产审核需解决的主要问题[J]. 科技信息，2012(7)：107+110
[8] 张璐鑫，于宏兵. 产业园区的区域清洁生产浅议[J]. 环境污染与防治，2012，34(7)：90-92.
[9] 周露，陈亢利，黄学军，等. 产业园区整体推动清洁生产审核的有关问题探讨[J]. 环境工程，2017，35(4)：165-168.
[10] 贾宝亮. 工业集中区区域清洁生产审核推进与管理方法的研究——以西青经济开发区为例[D]. 天津：南开大学，2011.
[11] http://ecesc.mep.gov.cn/dcgz/201712/t20171221_428305.shtml

5 危险废物循环利用

危险废物往往含有一种或多种有用物质，是一种可回收利用的资源。20 世纪 70 年代以前，世界各国对固体废物的认识还只是停留在处理和污染防治上。70 年代以后，由于能源和资源的短缺，以及对环境问题认识的逐渐加深，人们对危险废物已由消极地处理转向循环利用和资源化。

危险废物循环利用、资源化是固体废物管理的重要原则之一，也是推动循环经济的重要技术手段之一。

5.1 国外危险废物循环利用的管理经验

5.1.1 美国

美国《资源保护回收法》(RCRA)建立了美国固体废物管理体系，分别对固体废物、危险废物和危险废物地下贮存库的管理提出要求。为了与这一法律配套，EPA 制定了上百个关于固体废物、危险废弃物的排放、收集、贮存、运输、处理、处置以及回收利用的规定、规划和指南等，形成了较为完善的固体废物管理法规体系。

美国固体废物管理中有着明确的技术路线，即按照优先顺序分别为固体废物的源头减量(抑制产生)、固体废物的资源化再生(包括物质再生和能量再生)、固体废物的最终处置(即在不得已条件下的妥善或者合理处置)，而固体废物管理的主要指标是固体废物产生的减少率和固体废物的回收再生率。

美国具有完善的固体废物管理体系，其重点强调的危险废物全过程管理思想和地下贮存等最终处置技术的限制性原则，都对我国危险废物管理提供了较好的实践经验，并在此基础上，结合我国实际提出“限制危险废物填埋处置”的总原则。

5.1.2 欧盟

欧洲发达国家在世界上最早开展危险废物管理，在危险废物管理方面已积累了50余年的经验。欧盟国家废物管理主要基于以下原则：

(1) 废物预防。这是任何废物管理战略的核心要素，即在第一时间减少废物产生量，并通过减少其中危险物质来降低废物的危险性，这样最终处置就会相对容易。

(2) 回收与循环利用。欧盟确定了几类重点废物的回收利用，包括包装废物、报废汽车、电池和电子电气废物等。欧盟指令要求所有成员国必须制定废物收集、回收、循环利用和处置的法规。

(3) 加强最终处置和监控。如果可能，需对那些不能回收或循环利用的废物进行安全焚烧。在没有其他选择的情况下要进行填埋，所有过程都要进行严格监控。

欧洲发达国家危险废物管理制度经过多年的发展，形成了一套法律健全、管理方法较为完善的工作机制，其中不乏值得我国危险废物管理借鉴的经验，主要表现在以下几个方面：

(1) 法律法规体系

欧盟国家在经历上世纪五六十年代一系列的污染事件后，认识到了危险废物管理的重要性，于是纷纷出台了危险废物管理法规，逐步形成了一套完整的危险废物管理法律法规体系。

(2) 分级管理

欧盟国家从危险废物的危害特性和含量两个方面划定了不同的等级，并且对各个等级采取不同程度的管理措施。

(3) 统计制度和登记方式

欧盟国家十分重视危险废物统计，各成员国在履行欧盟法律的同时，均有自己不同的管理制度。相对而言，我国危险废物登记的途径少、信息化程度低、便利性差，需要提高可操作性和有效性。

(4) 政策管理支持

欧盟国家固体废物循环利用的政策管理支持方式主要有融资帮助、环保专项基金支持、照顾性地分配污染物排放总量指标、鼓励废物回收与再生企业投资等。经济激励手段包括税费征收、可交易许可证、绿色补贴、价格支持等。对紧缺的产品和资源，欧盟国家通过征收排污费、生态补偿税、资源使用税的方式，提高直接利用自然资源的产品的税收标准，使再生产品取得一定的价格优势，拉动循环经济产品的消费。

5.1.3 日本

日本的危险废物分为特别管理一般废物与特别管理工业废物，与其他废物不同的是，从排放阶段起进行分类、收集、运输、再生、处置等程序的处理，其管理方式也得到了强化。具体的强化管理措施包括：排放机构有作为特别管理工业废物责任者的义务；设立特别管理工业废物的收集运输业、处理处置业的许可制度；特别管理工业废物的贮存标准以及处理标准等。

随着最终处理设施（填埋场）残余容量的减少以及填埋年限的缩短，日本在逐渐推进固体废物的再生利用政策。日本的危险废物在产生的同时，就明确了管理的方向性，即不仅仅局限于危险废物产生后的管理，在其各种产业社会活动（即原料加工、组装等）、生产过程也予以考虑。最后从回收、资源化的角度探讨其管理对策。其中，对于危险废物的管理而言，危险废物产生后的回收、资源化过程是最重要的。

特别管理工业废物在保管、收集运输、中间处理、再生、最终处理过程中，必须遵循相应标准。同时，特别管理工业废物的搬运或者处理需要委托他人进行，并制定相应的委托标准。

日本危险废物的管理经历了 20 年的发展，相比于西欧国家，日本与我国在地域和生产生活方式上具有更多的相近性，其危险废物污染防治方面的经验，也更值得我们去汲取，尤其是危险废物综合利用管理的经验。

5.2 我国危险废物循环利用目标

危险废物循环利用是循环经济的一种具体体现形式，本质上也是一种生态经济，是按照生态规律利用自然资源和环境容量。实现固体废物的生态化转向，可以有效地减少危险废物的产生量、排放量，使其成为一种原料资源从而创造新的经济价值。对于危险废物，可以通过回收再利用、各行业自行处理及综合利用来实现部分危险废物向有用资源的转化。危险废物循环利用从循环经济角度讲，其目标有三。

一是提高我国工业整体素质，增强我国经济实力。虽然我国危险废物综合利用率不断提高，但与发达国家相比仍然有较大差距，综合利用水平不高。其原因是在我国长期实行粗放式的生产经营，企业扩大再生产往往以高投入、高消耗为主，危险废物的产生量大，却不注意资源的优化利用和节约。我国《固体废物污染环境防治法》中明确提出，国家对固体废物污染环境的防治，实行减量化、无害化和资源化三原则，而循环经济的"3R"(减量化、再使用、再循环)原则，正好符合这一要求，循环经济的思想注重对污染物的全程控制，要求在企业内部实行清洁生产，改革生产工艺与流程，从源头就开始控制污染产生。更值得一提的是，循环经济的再利用和再循环原则要求企业尽可能对材料和水资源等进行循环利用，对废物再生利用。通过"生态链"将各企业和产业联系起来，实现废弃物资源化，以达到资源的最优化利用，同时，循环经济也要求更加严格的污染排放标准，以促使企业改进工艺，并对可能产生污染的副产物进行综合处理。提倡危险废物循环利用，发展循环经济，推行清洁生产和生态工艺及注重危险废物的资源化利用，有助于提高我国工业的科技集约化水平，增加产品的科技含量，降低能源和资源消耗，提高产品质量，增强我国经济实力，提高我国产品在国际市场的竞争力。

二是减轻环境污染。在企业层次上，通过清洁生产对污染物的产生、收集、运输和处理的各个过程进行严格限制，减少产品和服务的物料、能源使用，降低有毒物质的排放量，同时最大限度地循环利用资源，这将大幅度减少危险废物的产生。目前，末端治理依然是我国解决危险废物环境问题的重要方式。这种治理方式由于投资大、费用高，建设周期长，经济效益低，企业缺乏积极性，难以从根本上缓解环境压力。大量事实表明，固体废物的大量产生，与资源化利用水平密切相关，同粗放型经济增长方式存在内在联系。据测算，固体废物综合利用率若提高 1 个百分点，每年就可以减少约 1 000 万吨废弃物的排放；粉煤灰综合利用率若能提高 20 个百分点，就可以减少排放近 4 000 万吨；再生资源产业每年为工业发展提供 1 亿多吨的优质原料。据统计，按再生资源回收总量 1.16 亿吨计算，与使用自然资源或矿产资源相比，可减少化学需氧量(COD)排放 160.8 万吨、二氧化硫排放 313.5 万吨，使得环境质量大大改善。

三是缓解资源约束。我国资源相对贫乏，虽然总量较大，但人均占有量少。有多种主要矿产资源人均占有量不到世界平均水平的一半，铁矿石、铜和铝土矿等重要矿产资源人均储量也相对较低，重要资源对外依存度不断上升。与此同时，一些主要矿产资源的开采难度越来越大，开采成本增加，供给形势相当严峻。走废物循环利用的道路，大力发展循环经济是缓解资源约束的重要途径。

5.3 危险废物循环利用技术

危险废物往往不能直接利用，需要经过物理、化学等方式处理，从废物中回收有用的物质或生产再生材料，例如从破损的温度计回收汞，或清洗、提纯废溶剂。回收的物质可以用作生产原料，或可用作商业性化学品的替代品。

影响危险废物回收其有用物质的影响因素有：① 废物的形态、物质组成和物料化学性质；② 是否具有回收或利用废物中有用物质的方法；③ 产生废物的生产工艺环节和类型；④ 回收利用和贮存等过程是否符合环境管理要求。

危险废物来源广泛、种类复杂，形状、大小、结构及性质各异，在对其进行循环利用前，往往需要经过物理、化学等处理方法，对废物进行去毒，提取或回收有价值的物质，或回收能量。危险废物循环利用技术根据利用途径特点可分为以下三类。

5.3.1 以综合利用为目的的处理技术

固体废物直接利用或再利用的资源化活动往往伴随工业生产活动，主要集中在工业生产系统之间进行循环再利用。工业生产活动中危险废物的交换是危险废物再利用的一种重要机制。对产生者没有价值的某种废物可能是另一种工业所希望得到的原料。通过危险废物的交换，可以使危险废物再次进入生产过程的物质循环，使废物转变为原料，成为有用而廉价的二次资源，从而实现危险废物的资源化。工业危险废物的循环利用，主要通过对危险废物进行预处理或去毒，在企业生产内部循环或作为另一企业生产的原料再利用，达到危险废物资源化的目的。常见的处理技术包括破碎、筛分、水洗、氧化还原、煅烧、焙烧与烧结等。

5.3.2 分离回收某种材料的处理技术

固体废物回收处理技术主要通过物理、化学和电化学分离等方法，从废物中去除有毒有害物质或其他杂质，从而获得相对较纯的可再生利用物质，广泛应用在生产、流通、社会消费等领域。最常见的回用废物是酸、碱、溶剂、金属废物和腐蚀剂等。例如，大多数碱、金属废物得到了石油化工企业的回收使用。回收的废物通常混合其他物质或有毒有害物质，与所取代的原材料相比，回收的物质纯度较低，因此这种废物再生利用前往往需要先进行加工处理。这种回收处理方法主要包括吸附、蒸馏、电解、溶剂萃取、水解、薄膜蒸发、非溶解性卤化物的脱氮、金属浓缩等。

5.3.3 能源利用技术

固体废物的能源利用技术包括热能和电能，主要的处理方法包括焚烧、热解。通过废有机溶剂的焚烧处理回收热量，还可以进一步发电。研究调查资料表明，材料的回收和重复利用要比燃料和能量的回收普及得多。因为能够作为能量回收的废物通常也能用于材料的回收和重复利用，相对而言，作为回收的材料可以一遍又一遍的使用，而作为回收的能量只能使用一次。现实中水泥厂和石灰窑中使用高热值废物的量正在逐步增加。

5.4 危险废物循环利用流程

危险废物大部分产生于工业生产，建立工业生态园区是践行近年来提出的绿色发展之路的重要举措之一。工业生态园区理论是将生态学的一些规律运用到工业生产中加以研究，认为一个理想的工业生态系统应该包括资源开采者、处理者（产品制造者）、消费者和废物处理者。其核心思想主要有以下几方面：

(1) 工业生态系统应该像自然生态系统一样，不存在“废物”的概念，“废物”应该设法做为资源加以利用。

(2) 对于各种工艺、产品、设备、基础设施、技术系统的规划都应有预见性，使之以适应对环境更友好的革新技术的出现。

(3) 进入生产工艺的每个物质单元都应作为可销售产生的一部分而分开。

(4) 用于生产过程的每个单元能量都应产生一种所期望的物质转化。

(5) 在产品、工艺、服务和运行过程中，应尽量使用最少的物质和能量。

(6) 所使用的物质和材料必须是毒性最小的。

(7) 应尽量通过循环渠道来获取生产需要的原材料，而不是通过采掘新资源。

(8) 设计的工艺和产品应要求能保留所用材料的可利用性能。

(9) 设计的产品应使其在生命终结之后还能用于生产其他产品。

(10) 注意维护或改进当地生态环境，最大限度地减少对当地资源的影响。

(11) 应该改善与材料供应商、消费者和其他产业之间的关系，以循环利用和再使用材料的合作方式，使包装使用量最小。

生态工业园区(Eco-Industrial Park，EIP)：生态工业的具体实践形式中使用最多的是生态工业园区，可以认为它是包括自然、工业和社会的地域综合体，是依据循环经济理论和工艺生态学原理设计的一种新型工业组织形态，通过成员间的副产物和废物的交换利用、能量和废水的逐级使用，尽量减少废物，最终尽可能实现园区废物“零排放”，它是目前人类开发的最具有环保意义和绿色概念的工业园区[1]。

参照试点化工园区的成果，化工园区的危险废物循环利用的主要思路为园区内危险废弃物分类、分步骤循环利用及处置技术路线和技术方法，主要包括以下几个方面：从园区企业内部危险废弃物产生源头上采取措施，实现企业内部危险废弃物的减量化；调查评估园区内可循环利用危险废弃物的上下游企业现状，优先进行园区内部企业间“点对点”循环利用；对需要预处理的危险废弃物进行园区集中预处理，通过集中预处理实现危险废弃物综合利用或减轻最终处置压力。

化工园区危险废物的循环利用流程涉及环节主要包括：摸底调查、源头削减、循环利用、集中预处理，各环节具体实施步骤和方法详见本篇前述“2.2 化工园区危险废物统筹规划管理技术路线”和“2.3 化工园区危险废物统筹规划管理工作程序”，此处不作赘述。

5.5 危险废物循环利用环境管理要求

目前因无相关政策支撑，园区危险废物在企业间无法循环利用，无法做到园区内部减量化、资源化。危险废物处置设施无法共享，园区一些企业虽自建设施处置能力尚有余量，但因无危险废物经营许可证不可接受其他企业的危险废物，而另一些企业的危险废物找不到合适处置单位，只能暂存厂内，造成资源配置上的浪费，故园区危险废物处置应从“点对点”综合利用、自建设施共享、集中收集贮存等方面创新危险废物管理制度。园区危险废物循环利用方式包括“点对点”综合利用、自建设施共享等方式。一方面，鼓励化工园区采用此类方式进行危险废物循环利用，另一方面，需要对化工园区危险废物循环利用的环境管理进行创新。下面以园区“点对点”综合利用和危险废物规范化管理要求为例来说明。

5.5.1 企业“点对点”综合利用制度

以危险废物减量化、资源化、无害化为原则，以保障环境安全、防控潜在环境风险为目标，结合我省危险废物实际产生和处置利用现状，疏堵结合、科学管理，开展我省危险废物点对点综合利用实行备案公示制，努力形成危险废物环境风险控制与资源综合利用的双赢局面。

(1) 开展条件

综合利用行业基本条件：单一品种危险废物年产生量在一定规模以上的产生单位，其品质稳定，能作为本省辖区域内其他企业的替代原料或降级梯度再使用，且再利用单位基本不增加新的污染排放和新增处理设施、整个再利用过程污染可控。

综合利用单位基本要求：将危险废物作为替代原料或梯度再利用的单位，必须具备如下条件：一是依法成立的、环保手续齐全(环评文件中有相关类别危险废物综合利用内容)的合法企业；二是具有相适应的、较为先进的生产工艺和设备，且管理规范；三是具有相应的产品质量控制措施和能力，且产品有稳定市场；四是具有相应的污染防治设备，能稳定达标排放；五是单位厂址位于工业园区内。

(2) 工作程序

① 危险废物点对点综合利用备案申请。符合条件的危险废物产生单位与综合利用单位联合向省辖市环保局提交书面申请(见表 5.5-1)，同时抄报属地县级

环保局，并提供申请表上要求的相关申请材料。

表 5.5-1　江苏省危险废物点对点综合利用备案申请表

<table>
<tr><td rowspan="6">产生
单位
情况</td><td colspan="2">单位名称：(公章)</td></tr>
<tr><td>单位地址：</td><td>邮政编码：</td></tr>
<tr><td>联系人姓名：</td><td>联系电话：</td></tr>
<tr><td>传真：</td><td>电邮：</td></tr>
<tr><td>危险废物产生工艺及主要特性：</td><td></td></tr>
<tr><td>危险废物数量：</td><td></td></tr>
<tr><td rowspan="4">利用
单位
情况</td><td colspan="2">单位名称：(公章)</td></tr>
<tr><td>单位地址：</td><td>邮政编码：</td></tr>
<tr><td>联系人姓名：</td><td>联系电话：</td></tr>
<tr><td>危险废物综合利用工艺、产废变化情况：</td><td></td></tr>
</table>

提交材料清单：

□危险废物产生工艺及工序的文字说明、危险废物性状表；

□危险废物综合利用单位的原有环境影响报告书(表)；

□危险废物点对点综合利用可行性分析报告(包含危险废物特性、综合利用企业适用工艺说明及污染防治控制等分析)；

□危险废物暂存、包装、运输、处置方案；

□危险废物综合利用单位转移、利用事故应急预案；

□其他证明材料____________________。

我特此确认，本申请表所填写内容及所附文件和材料均为真实的。我对本单位所提交的材料的真实性负责，并承担内容不实之后果。

产生单位法人代表：__________(签字) 日期：________________

综合利用单位法人代表：________(签字)日期：______________

专家评审意见：

县级环保部门意见：

省辖市环保局意见：

---

② 危险废物点对点综合利用备案评估工作。省辖市环保局会同县级环保局对符合申请条件的单位，组织相关专家开展现场核查，评估危险废物综合利用可行性和环境风险。

③ 开展点对点综合利用。根据评估结论，达到点对点综合利用标准的，省辖市和属地县级环保局同意企业备案，企业签订相关履行环保责任承诺书，可试点开展危险废物点对点综合利用，有效期为一年。属地县级环保局将危险废物点对点

综合利用的双方单位进行公示，并为综合利用单位在江苏省危险废物动态管理系统上进行注册，利用单位按照正式持证单位要求对经营情况进行网上报告。

发生变更的情况。当危险废物点对点综合利用单位发生工艺变更或产生单位发生危险废物品质变化等情况，应当提前1个月办理变更申请，获得认可后，方能组织生产。

(3) 管理要求

- 危险废物点对点综合利用工作，产生单位和综合利用单位仍应按照危险废物相关制度管理，执行网上申报、电子转移联单制度。危险废物转运必须委托具资质的危险废物专业运输单位。
- 危险废物产生单位和危险废物综合利用单位内的危险废物贮存必须满足危险废物贮存标准。综合利用单位应当实现污染物的达标排放，并妥善处置次生危险废物。
- 危险废物产生单位不得将该种类危险废物委托其他单位处置利用，危险废物综合利用单位不得接收其他单位的该种类危险废物。
- 园区管委会应加强对点对点综合利用单位的日常监督管理工作。

5.5.2 危险废物规范化管理制度

根据环保部《关于印发〈危险废物规范化管理指标体系〉》的通知要求，园区企业须建立污染环境防治责任制度，规范设置危险废物识别标识，制定危险废物管理计划，严格执行危险废物源头分类、申报登记、转移联单、经营许可、应急预案备案等管理制度，符合危险废物贮存、利用、处置的相关标准规范，开展危险废物管理业务培训等。

(1) 规范化管理存在问题

① 危险废物底数不清

对企业危险废物产生情况摸底调查工作不到位，危险废物流向、自建利用处置设施情况以及历史遗留危险废物的种类、数量、分布、环境污染状况等具体情况尚不清楚，特别是一些化工园区、工业集中区内企业，漏报瞒报现象严重。

② 企业主体责任未落实

危险废物产生单位和经营单位危险废物出入库台账和利用处置无记录，制定的危险废物管理计划及应急管理制度流于形式只为应付检查。在现场管理上，存在“三防”措施不到位，标识设置、包装容器标签粘贴及分类贮存不到位，存在混堆、露天堆放现象。部分企业的日常监测类别和监测频次达不到管理要求，不利于对其开展日常监管。

③ 危险废物监管水平有待提高

环保部门对企业存在的问题后期跟踪督查不到位，对企业存在的违法行为查处不到位，信息公开不到位。除少数地区外，大部分省辖市环保局均未建立固管机构与环评、环监、监测等部门的分工合作机制。面对全省仅三级重点监管源单位就达到 1 万多家的监管任务，各地固管机构难以独立完成危险废物监管任务。

（2）提升规范化管理水平

① 加强宣传及培训

各级环保部门应认真指导辖区内企业做好危险废物规范化管理工作，加强宣传和培训，并充分利用固体废物管理信息系统，督促企业依法申报危险废物产生及流向情况。企业相关管理人员和从事危险物收集、运送、暂存、利用和处置等工作的人员要熟练掌握国家相关法律法规、规章和规范性文件的规定以及本单位制定的危险废物管理规章制度、工作流程和应急预案等，掌握危险废物分类收集、运送、暂存的正确方法和操作程序。

② 信息公开制度

组织人员对企业进行定期检查，对存在问题的企业提出整改要求，并进行跟踪检查。将企业问题及整改完成情况全部在网上进行公开。加强新闻媒体宣传，并将有关信息与企业环保信用评级挂钩。

6

危险废物循环利用技术

危险废物资源化利用贯穿于废物的产生、处理处置过程，即对生产过程中产生的危险废物，推行系统内的回收利用；对系统内无法回收利用的危险废物，通过系统外的危险废物物质转换、再加工、能量转化等措施实现回收利用，实现危险废物的资源化。国家鼓励危险废物回收利用技术的研究与开发，逐步提高危险废物回收利用技术和装备水平，积极推广技术可行、经济适用的危险废物回收利用技术。

危险废物来源广泛、种类复杂，下面简要概述工业园区存在的典型危险废物如污泥、废酸和废盐的减量化、资源化和无害化技术，总结相关研究领域的发展成果和今后发展的趋势。

6.1 工业污泥脱水减量化

工业污泥是指工业废水经处理后，沉淀分离出的污浊物质。工业污泥中一般都含有有毒有害物质，如果不经处理即随处堆放或直接填埋，将会对地下水、生态环境等造成二次污染。工业污泥的处理价格比较高（受地区性环保补贴政策差异影响，含运费价格，在 2 000～5 000 元/t)，加大了工业企业运营的经济负担。因此，工业污泥深度减量化对于降低社会成本和企业运营成本都具有重要意义[1]。

污泥深度减量化的处理流程主要分为以下两步：第一步，将含水率超过 98% 的污泥（污水）进行机械脱水，使污泥含水率降低到 70%～85%，并且易于成型。第二步，将机械脱水后的污泥投入污泥干化设备深度减量，根据需要含水率可以降低到 10%～30%。

污泥含水率是制约污泥处置和利用的关键，污泥含水率从 95%降至 60%是填埋与堆肥的起点，50%是焚烧的起点；干化环节是污泥处理处置系统耗能的主要环节，干化环节的新技术研发是实现污泥处理系统节能降耗的着力点。目前我国经济最为发达的长三角地区，污泥一般只进行了脱水处理，且其中60%的污水处理厂脱水污泥达不到含水率80%以下的要求。一般污泥经浓缩之后，其含水率仍在96%左右，体积很大，不便于运输和使用，需要进一步脱水干化处理。污泥在不同含水率时需采取的工艺不同：90%～60%时，采用脱水工艺；60%～10%时，采用干化工艺。污泥进行土地利用时要求污泥含水率<60%，作覆盖材料时含水率应<45%[2]。

6.1.1 污泥机械脱水

机械脱水主要通过真空吸滤、离心、压榨等方法脱水，目前使用最多的是压榨法。通过机械挤压、重力过滤等方式实现污泥水分离、降低污泥含水率，设备通常会配备液压系统以增强挤压强度，提高脱水效率。常见且技术发展较快的压滤设备有螺旋式、板框式等，特别是板框式，由于较好地解决了滤板材质、卸泥速度和净速、自动化程度等问题，近年得到了长足的发展。经过压滤处理后的泥饼含水率能达到50%～60%[3]。

污泥机械脱水常见设备根据结构型式分为五种，分别是叠螺式脱水机、板框式脱水机、离心式脱水机、带式脱水机和螺压式脱水机。这几种机械脱水设备各有优缺点，从脱水效果来看，板框式脱水机最优，特别是高压板框脱水机可以使污泥含水率降低到70%甚至以下，但是相应的成本较高，且效率低。从占地面积、水电消耗方面，叠螺式脱水机具有很大优势，但它的脱水效果一般，且最大能力受限。带式脱水机与离心式脱水机效果略好，但是耗水耗电量巨大，是其他设备数倍甚至数十倍。而螺压式脱水机效果不太理想，占地面积太大，设备布置受限制。

6.1.2 污泥干化工艺

污泥干化是靠热量将水从污泥中蒸发出来。污泥干化过程可分为水分的蒸发过程和扩散过程，这两个过程持续交替进行。蒸发过程：物料表面的水分汽化，由于物料表面的水蒸气压力低于介质中的水蒸气分压，水分从物料表面移入介质。扩散过程是与汽化密切相关的传质过程。当物料表面水分被蒸发掉以后，物料表面的湿度低于物料内部湿度，此时，需要热推动力将水分从内部转移到表面，继而进行蒸发过程。

按热介质和污泥接触方式分为：① 直接加热式(传导式)：燃烧室产生的热气与污泥直接进行接触混合，使污泥得以加热，水分得以蒸发并最终得到干污泥产品，是对流干化技术的应用。② 间接加热式(对流式)：将燃烧炉产生的热气通过蒸气、热油介质传递，加热器壁，从而使器壁另一侧的湿污泥受热、水分蒸发，是传导干化技术的应用。③ 直接-间接联合式。

按设备形式可分为:转鼓式、转盘式、带式、螺旋式、离心式干化机、喷淋式多效蒸发器、流化床、多重盘管式、薄膜式、桨板式等多种形式。

按干化设备进料形态分为:① 干料返混:湿污泥在进入干化设备前先与一定比例的干泥混合。② 湿泥进料:机械脱水后产生的湿污泥直接进入干化设备。

按最终目标含水率的不同,分为“半干化”和“全干化”。全干化指将污泥干化至含固率85%~90%以上的一系列工艺或处理过程。半干化是指将污泥经过一次性干化处理,直接获得含固率80%以下的产品(35%~80%)的一系列工艺或处理过程,这是相对全干化而言的一种通称,并没有确切的界限[4]。

6.1.3 污泥干化技术

(1) 电能污泥干化法

电能污泥干化法,是将电能转化为热能或微波等形式的能,加热湿污泥使之水分蒸发,污泥得到干化,通常采用电加热炉间接烘干的干化方式进行污泥干化。干化系统由污泥存储单元、输送计量单元、电加热干化(电能污泥烘干机)单元、输出单元及暂存单元构成。普通的电能干化工艺能耗较高,不适合用电紧张、产泥量大的污水处理厂,而适合产泥量少、电能丰富、价格便宜地区。近几年,污泥除湿低温干化新技术不断出现,采用较低的干化温度(50℃~80℃)与热泵能量回收热量相结合,废气排放极少,与传统电能污泥干化相比,大大降低了电能污泥干化的成本。传统电能干化工艺流程见图6.1-1。

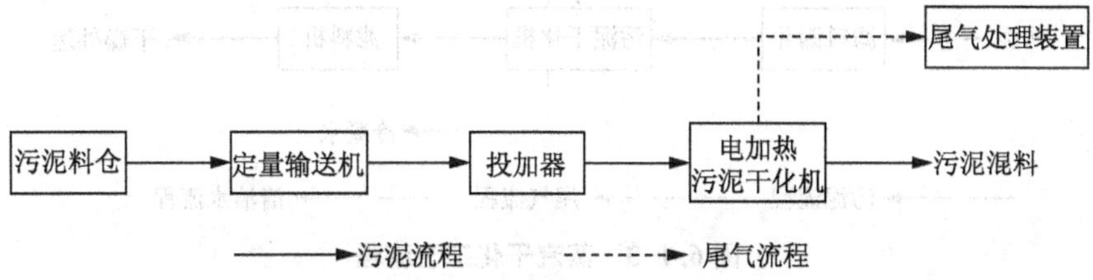

图6.1-1 传统电干化工艺流程

(2) 热水干化法

热水干化法就是利用高温热水的热能,经过换热器进行热交换,蒸发污泥中的水分使得污泥干化,热水干化一般为间接干化方式。许多工业企业有加热炉或以蒸汽为动力的装置,产生的蒸汽凝液(高温热水)或高温冷却水等均可以作为热源加以利用,且这种热源可以就地取材、容易获得、物美价廉(不足蒸汽价格的1/3),可实现综合循环利用,是理想的热源。近年来,热水干化污泥技术发展快速,“板框压滤-热水真空干化技术”是热水干化技术的典型代表[5]、[6]。目前在南京胜科水务有限公司、上海嘉定新城污水处理公司等应用，见图 6.1-2。

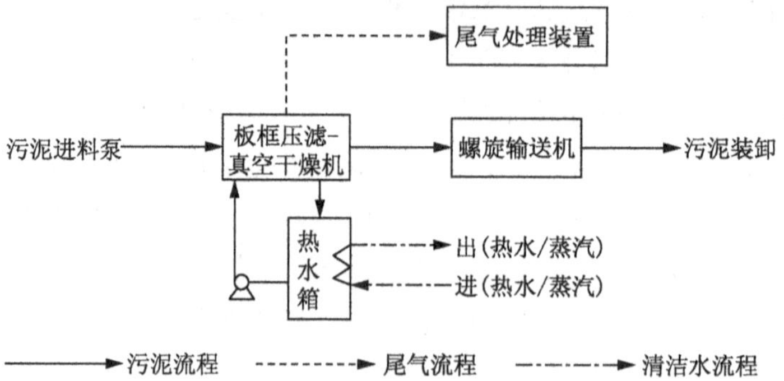

图 6.1-2　热水干化工艺流程

(3) 蒸汽干化法

蒸汽干化法是利用蒸汽热能，经过换热器壳层进行热交换，蒸发污泥中的水分使之干化。依据污泥干化机构造或内部构件不同，分为盘式干化机、桨叶式干化机、涡轮式干化机等不同形式。蒸汽干化适用于企业蒸汽富余，或周边蒸汽供应方便、价格低廉的区域。一般使用 1.0MPa、160℃～230℃左右的低压蒸汽，因蒸汽干化效率高、操作弹性大、易于控制、稳定性好等优点，加上新型蒸汽污泥干化效率高、安全性好，目前应用较多，简单的工艺流程见图 6.1-3。

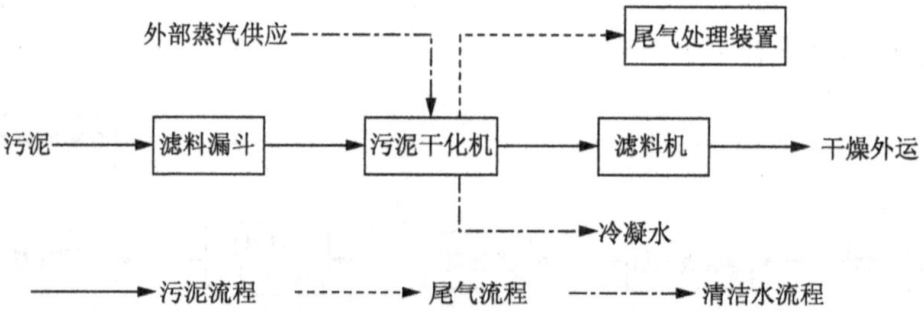

图 6.1-3　蒸汽干化工艺流程

(4) 太阳能污泥干化法

太阳能污泥干化是指利用太阳能为主要能源对污泥进行干化的技术。该技术利用太阳能，借助传统温室干燥工艺，具有低温干化、运行费用低廉、操作简单、运行安全稳定等优点。其驱动力为污泥中水分含量与空气中水蒸气分压之间的水蒸气压力差。考虑气候、季节、天气影响，太阳能干化过程是在一个配置翻泥机的大型暖房内进行，湿污泥从一端输入，干污泥从另一端输出。太阳能干化装置主要由地面结构、暖房、翻泥机三部分构成。地面结构类似于混凝土马路，翻泥机安装在两侧导轨上、进行前后上下移动作业，起到摊铺污泥、反转晾晒、输送污泥的作用。

有的还配热风机以加速水分蒸发，有的建成为更先进的太阳能温室系统[7]、[8]。

(5) 天然气干化法

天然气(煤气)干化法就是利用天然气(煤气)为燃料燃烧提供热源，在干化设备里将污泥干化。为了防止燃烧爆炸，通常设有氮气保护、氧气浓度连锁、温度连锁以及污泥返混等安保措施，以提高设备运行的安全性。系统由进料单元、干化机、出料单元、尾气处理单元、返混单元、仪控系统等构成，通常作为污泥热解法[9]处理的预处理单元。澳大利亚 Andritz 公司开发的转鼓干化机就是利用天然气等燃料形成 650℃左右的热空气直接干化污泥的成套设备，在日本、美国应用较多。天然气作为清洁能源，在污泥热解处理时因为尾气不存在焚烧法产生二噁英等问题，因而代表了污泥无害化的一种发展趋势，见图 6.1-4。

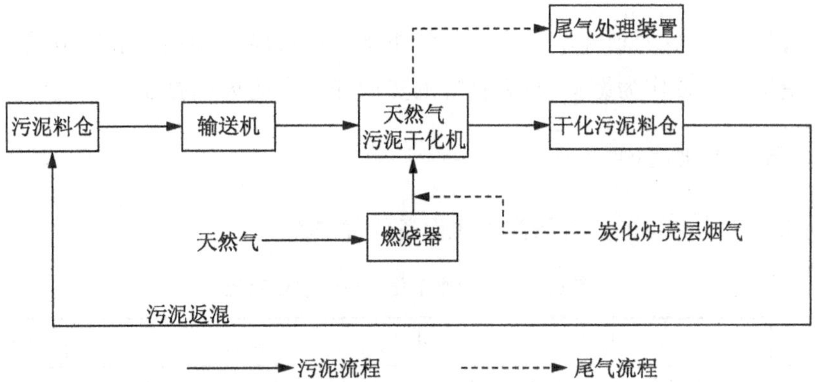

图 6.1-4 天然气干化工艺流程

(6) 炉窑烟气余热污泥干化法

炉窑烟气温度一般在 120℃～200℃之间，蕴藏有巨大的热能，是污泥低温干化的理想热源[10]。利用烟气干化污泥有直接利用烟气加热干化和间接加热干化两种形式。为保证污泥在低温下能够自然形成颗粒，一般采用二段式干化工艺：一段干化使污泥含水率从 80%左右降到 60%左右，二段干化造粒使含水率降到 40%以下，形成 2～8 mm 颗粒污泥便于资源化[11]、[12]。

干化系统主要由污泥储存输送单元、一段造粒单元、二段干化单元、干化污泥料仓、烟气引风单元、尾气净化单元等构成，工艺流程见图 6.1-5。

(7) 其他污泥干化技术

除上述介绍的污泥干化技术之外，还有一些其他污泥干化技术。其中利用电渗析进行污泥干化脱水也是一种新型污泥干化技术，该技术是利用电渗析原理，用机械挤压脱除水分，在电场力作用下带电污泥被吸引在容器内，从而提高脱水效率。将电渗析干化技术与传统机械脱水技术联合使用，可将污泥含水率由单纯机

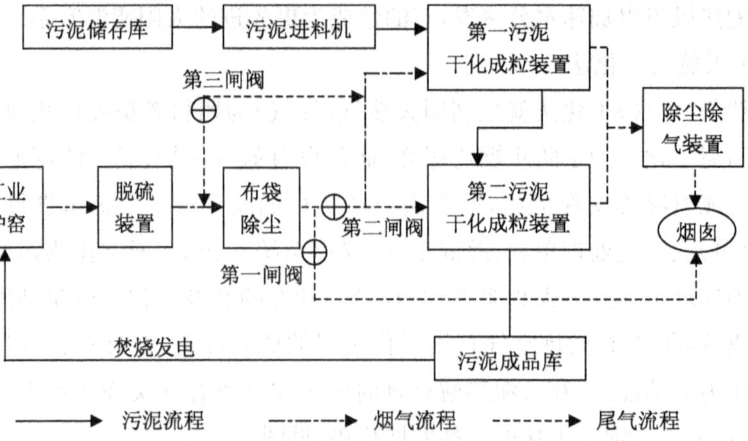

图 6.1-5　炉窑烟气余热污泥干化工艺流程

械脱水时的 80%减少到 60%[13]、[14]。另外，将污泥、煤、添加剂、水配制成水煤浆，可用于锅炉等装置作为燃料，具有良好的热值和较高的火焰温度[15]、[16]。

6.1.4　污泥干化设备

表 6.1-1 为常见的几种污泥干化设备的优缺点[17]。

表 6.1-1　污泥干化设备优缺点对比

名称	优点	缺点	安全性
电加热污泥干化机	设备简单、占地少，操作简便，效率高，操作环境好	能耗高，不适合大泥量干化，一次性投资较高，运行成本高	较高，需要氮气保护
热水污泥干化机	“板框压滤-真空热水干化机”设备简单、稳定性好、操作方便，效率高，运行成本低；适用热水富裕的大型厂矿企业	能耗较高，若热水是企业的副产品综合利用比较好	高
蒸汽薄膜干化机	设备简单、稳定性好、操作方便、操作弹性大、效率高；适用热水富裕的大型厂矿企业	能耗较高，若热水是企业的副产品综合利用比较好；一次性投资进口设备费用高(国产适中)，运行成本较高	较高，需要氮气保护
太阳能污泥干化机	设备简单，能耗最低，一次性投资少；适合地广人稀、日照强、气候干旱的地区，运行成本低	占地面积大，受地区气候影响较大；通常还需要辅助热源；某些污泥可能存在气味问题，操作环境较差	高
天然气污泥干化机	设备复杂，效率高，一次性投资高，适用天然气丰富的石油化工企业、煤气丰富的煤炭企业，以及热源来源方便地区	运行成本高，能耗高，因有天然气因而风险较大，需要有氮封装置、仪控安保等系列措施	一般，需要有氮气保护

续表

名称	优点	缺点	安全性
炉窑烟气余热污泥干化机	设备复杂,效率高,一次性投资较高,适用内部有加热炉的企业,及热源来源方便地区,经济性很好,运行成本低	系统比较复杂,操作环境一般,适合大型生产稳定的厂矿企业	较高,需要氮气保护

6.1.5 小结

污泥干化可使污泥体积大幅减少,便于运输,为污泥燃料、建材利用等提供了便利,不仅实现了污泥减量化,而且实现了资源化。污泥干化技术的选择、应用和研发可重点考虑以下三方面:

(1) 结合企业自身特点和干化工艺的优缺点选择合适的干化工艺。从技术安全性,热源易得性,操作、运行简便性,自动化水平,运行成本等方面综合考虑,选择合适的干化工艺。

(2) 研发更加安全可靠、节能高效的干化设备。自动化水平高、低成本、高效率是未来污泥干化系统研发的主要方向。

(3) 干化过程中废气和废水的治理。污泥干化过程需综合考虑进料、排料等过程污泥产生的臭气和废水控制等问题。产生的尾气应妥善处理,可与企业的VOCs治理、锅炉烟气综合利用等废气处理项目联合统筹考虑;产生的废水应接入污水处理系统,并能实现达标排放。

6.2 化工污泥处置资源化

化工污泥成分复杂,不同工业行业产生的污泥性质差别较大,往往含有有毒有害有机污染物和重金属等无机污染物,其无机组分主要有 SiO_2、Fe_2O_3、$A1_2O_3$ 以及As、Cd、Cu、Zn、Ni 等重金属元素[18]。化工污泥必须进行妥善处理处置,特别是具有危险特性的化工污泥,其造成的污染后果往往远大于一般固体废弃物[19]。

污泥常用的处理或处置方式主要有填埋、填海、堆肥和焚烧 4 种方式。其中,填埋需长期占用大量土地资源,且填埋场渗滤液渗漏有污染地下水、周边生态环境的风险;投海处理主要应用在领海国家,在海洋中选择距离和深度均合适的海底,将污泥封闭式填埋,但它只是将陆地污染转化为海洋污染[20]。选择合适污泥进行堆肥处理后可以有效改善土壤成分结构、增加其中有机质含量、提高土壤的肥力,但是工业污泥中有害杂质及重金属元素含量较高,一旦被植物吸收后进入食物链循环，会极大危害人类及其他生物的健康。目前焚烧法广泛应用于固体废弃物的处理，可以最大限度的实现无害化、减量化处理，处理方法比较简单，但是处置成本非常高，且工业污泥的含水量较大，一般约 80%，热值较低不易燃烧，往往造成较大的热值浪费。

化工污泥量多面广，毒害物质多，如生产农药的化工厂往往产生含有毒性化合物的废水污泥，炼油厂的含油污泥含有苯系物、酚类等有毒物质。

目前化工污泥的主要处置方式是填埋和焚烧。化工污泥资源化依据的是污泥的性质，资源化利用方式也存在区别，通常化工污泥的处置更偏向于企业的内部循环使用。例如河南油田对含油污泥进行掺烧，这项系统工程包括了专用工艺、设备设计及制造，污泥预处理、运输，原油回收、掺烧等，对化工污泥实现了无害化处置和工业化利用[21]。上海东硕环保公司引进碳化处置工艺系统实现油田污泥等的资源化利用，在降低危险固体废弃物处置成本同时，获得了活性炭产品。

6.2.1 水泥窑协同制备水泥

煅烧水泥的主要容器是低速旋转的圆筒，圆筒以 3%～5%的斜度倾斜，生料从其高端（窑尾）加入，而燃料从低端（窑头）加入。由于水泥回转窑的筒体长，斜度小，旋转速度低，生料可煅烧超过 30min，且水泥窑内温度一般为 1 350℃～1 650℃，常见的有害、有毒的有机物都可以被完全分解。此外，炉内呈碱性，能有效地与燃烧后的酸性气体发生中和反应，避免了燃烧产生的废气造成污染[22]。此外，水泥窑协同处置还具有处置规模大、焚烧时间长、固化重金属、减少灰渣排放等优点。

化工污泥的水泥化处置流程一般包括工业污泥的收集、分离、预降害及脱水、运输、入厂接收、预处理、储存、均化、计量、输送、喂料、煅烧、大气污染物监测和水泥熟料质量控制，具体工艺流程见图 6.2-1。

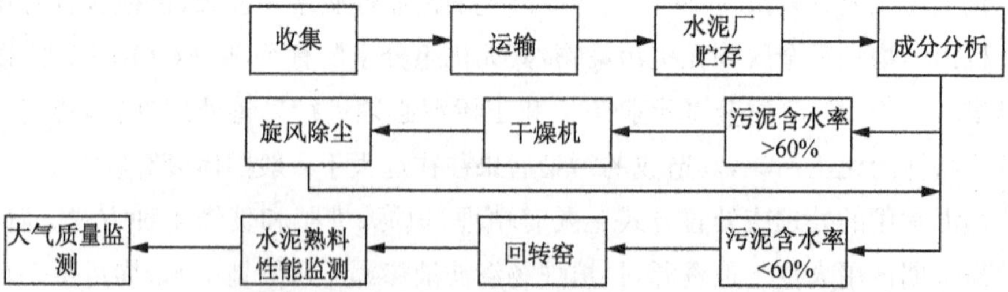

图 6.2-1 工业污泥的水泥化处置工艺流程

利用水泥窑直接协同处理湿污泥（含水率 20%～60%）是将其先干燥并破碎后直接与生石灰、黏土等原料进行粉磨制成水泥生料。一般污泥掺入量为水泥生料总质量的 5%～12%。在配置水泥生料时，通常要添加适量的生石灰来控制工业污泥含水率，使得污泥达到入窑标准。湿污泥与生石灰搅拌后，一部分水与生石灰反应生成氢氧化钙，而另一部分的水吸热蒸发，从而使生料中的含水率大大降低，反应生成的氢氧化钙将继续和空气中的二氧化碳反应生成碳酸钙。这种处理方法在对化工污泥进行无害化处理的同时，还可提高水泥熟料的强度以及产量，不仅减少水泥生产中天然矿物消耗，还能有效地去除污泥有机质，消除有机物和重金属元素的污染。

水泥窑协同处置干污泥是先将水泥生产过程中产生的尾气余热或其他热源用于湿污泥的干燥，然后再将其作为原料或替代燃料入窑煅烧[23]。将污泥干化处理与水泥窑系统相结合，实现了利用废弃物处理废物的效果，可以实现污泥"安全、无害、资源化"的处置和利用，从而达到较高的置换率。利用生产水泥的余热、高温气体干化污泥不需要添加额外的燃料就可以分解污泥中的有害气体，同时充分利用污泥热能，不影响水泥熟料质量，实现循环利用[24]。污泥干化之前必须对工业污泥进行分类：重金属含量高的污泥应先与煤混合，并利用水泥回转窑窑头余热进行干燥，然后将这些燃煤送到水泥窑回转窑高温带，污泥经过 1 400℃～1 600℃的高温焚烧后成为灰烬，将灰烬掺入水泥熟料中制成水泥产品；对于重金属含量较低的工业污泥，利用水泥窑尾的余热将其烘干后可以与水泥窑灰混合制成生料。

6.2.2 超临界水氧化回收能量及有用物质

超临界水氧化技术具有快速、高效的优点，是一种极具潜力的有机废物处理技术，利用超临界水氧化法能避免污泥的预处理、降低污泥二次污染的危险，有效实现污泥的无害化处理，特别是针对污泥中难降解有机物有着独特的优势。国内外许多学者对方法进行探索研究并取得了巨大进展，已有多个国家建立了商业型规模的污泥超临界水氧化处理系统。但值得注意的是，在超临界水氧化技术的研究与应用中有两个技术性的难题普遍存在——盐沉淀问题和腐蚀问题。尽管到目前为止学者们已针对性地提出多种控制措施、设计多种新型反应器以及对新型耐腐蚀材料进行了探索，但由于其相关形成机理并不明确，在反应过程中仍会不可避免地不同程度发生，因此，这方面的研究工作仍在继续。另外，高温、高压、高氧含量条件是超临界水氧化的一大特性，而这一特性也决定了超临界水氧化系统具有高的操作难度和经济投入，如何在保持或提高原有无害化率的基础上优化反应操作条件也是未来值得研究的方向。目前，超临界水氧化技术处理化工污泥已经在南京化工园区得到应用，从能源回收情况来看，污泥处理过程中主要是对出水余热的回收利用，在将来的研究应用中也可逐渐展开对二氧化碳、硅、磷等有用物质的回收利用，以实现资源利用的最大化[25]。

6.2.3 制备污泥基活性炭

由于剩余污泥中含有大量有机质成分，为污泥碳化热解制备碳吸附材料提供了基质条件，早在19世纪70年代，Razouk 等[26]、[27]、[28]报道了利用污泥制备碳吸附材料的相关研究。随着研究不断深入，利用化工污泥制备活性炭有望成为污泥资源化处置的主要方式。

(1) 直接碳化法

直接碳化法制备污泥基活性炭是指在惰性气体保护下，将脱水干燥的污泥置于高温炉中，在一定升温速率下升至指定温度，恒温一定时间，然后经过酸洗、烘干、磨碎得到粉末炭产物的过程。具体方法和性能详见表6.2-1。

表6.2-1 直接碳化制备污泥基活性炭的典型方法及性能

原料	浓度/%(以湿质量计)	焙烧温度/℃	升温速率/(℃/min)	焙烧时长/h	比表面积/(m^2/g)	微孔孔容/(cm^3/g)	总孔容/(cm^3/g)
剩余污泥+含油污泥(1∶1)	—	650～95	10	0.5	108～192	0.043～0.077	0.356
含铁厌氧污泥	35.38	500	10	1	231.1	0.117 5	0.248 7
剩余污泥	—	400～950	10	1	41～122	0.006～0.028	0.075～0.115
	48.7	300～750	10	0.5	10～44	0	0.004 8～0.062 8
	45.7	700	5	1	14.27	0.000 8	0.028 8
	15.92	900	—	0.03	67.6	—	0.099
造纸污泥	—	700	—	—	67	0.026	0.083
	14.83	800	10	2.5	209.12	0.078	0.13
	19.31	200～700	—	—	6.19～67	0.009～0.026	0.029～0.083

(2) 活化法

物理活化法是指以空气、水蒸气、二氧化碳、烟道气等氧化性气体为活化剂制备活性炭。原材料与活化剂发生氧化反应，一般反应温度为800℃～1 000℃，氧化反应产生的气体从原材料内部逸出，在材料表面出现了"空穴"碳原子参与反应，在碳原子内部形成大量丰富的微孔结构。物理活化法生产活性炭的主要特点是产品形貌上较灵活，既可以是粉状炭，也可以是颗粒炭或成型炭。

化学活化法是利用化学活化剂和基质材料进行浸渍混合，经过后续高温焙烧活化而成。与物理活化法相比，化学活化法可降低操作温度，获得较高的产率，及更高的比表面积和发达的孔道结构[30]、[31]、[32]，因此化学活化法更受关注，但其存在能耗大、设备腐蚀、后续处理工艺复杂、环境污染等问题。一些研究者对物理活化和化学活化法的比较研究表明，相比单纯的物理活化、物理活化与化学活化相结合的方法，化学活化法制备污泥基碳吸附材料更为高效，尤其用碱液活化后的吸附性能堪比商品活性炭[33]、[34]、[35]。

(3) 催化活化法

催化活化就是在物理活化或化学活化时，在原料污泥配料中同时加入碱金属和碱土金属或其氧化物或其盐、过渡金属或其氧化物及稀土元素，使之在活化过程中起到催化作用，常用于制备多孔污泥基活性炭的催化剂有铁、钴、镍、锌、钙、镁及其氧化物[36]。采用 Fenton 试剂(H_2O_2/Fe^{2+})制备污泥基活性炭同样取得了良好的催化活化效果，研究发现 Fenton 试剂的投加量对材料结构及表面化学性质均有重要影响。另外，含铁前驱体在高温碳化的过程中转化成富有磁性的 Fe_3O_4 残留在碳结构内部，在外加磁场的作用下便于污泥基碳吸附材料的固液分离[37]。目前的研究主要集中在铁基的催化活化方面，其他类型金属盐催化还需要进一步研究探讨。

(4) 添加碳源法

通常经过直接碳化后，污泥基活性炭材料比表面积较低，灰分含量高，一定程度上限制了其在工业方面的应用，而一些富含碳的基质材料，如秸秆类生物质、生活废物在碳化条件下也可制备出性能优良的活性炭材料[38]。受此启发，为了提高污泥基活性炭材料的产品性能，一些研究者将这些含碳的生物质材料添加到污泥中进行混合碳化。剩余污泥通过与不同生物质材料的混配添加，经过碳化后可有效提高产品的比表面积，不但增强了其吸附性能，同时实现了对天然废物的资源化利用[39]。

(5) 其他方法

微波加热采用内部体积式加热，可在样品不同深度同时产热，凭借其极快的加热速率和受热均匀的特点，大大缩短了制备时间，可节约 50% 左右的能耗。在污泥基活性炭制备方面，也有微波加热碳化的相关报道，研究表明，微波加热主要分为干燥、低温热解、高温碳化三个阶段[40]。蔺丽丽等[41]采用微波加热、磷酸为活化剂制备污泥基活性炭，在微波功率为 480 W、辐照时间为 315s 和磷酸浓度为 40% 的条件下，制备的污泥基活性炭材料的比表面积达 168 m^2/g，且绝大部分重金属被固化在污泥基活性炭内部，所制得的污泥基活性炭处理污水处理厂出水，可实现 87%以上的 COD 去除率；张襄楷等[42]采用微波法制备污泥基活性炭，在微波功率为 500 W、辐照时间为 2 min 的最佳条件下，制得的污泥基活性炭以大孔和中孔为主，处理染料废水脱色率可达 99%，优于商品活性炭(67.2%)；吴文炳等[43]利用磷酸和氯化锌为活化剂，微波加热制备污泥基活性炭用于处理含铬废水并进行了再生试验，发现再生前后均可达到92%的去除率。

6.2.4 小结

污泥处置是对于经处理后污泥的最终消纳方式。污泥处置应遵循减量化、无害化、稳定化等处理原则，将污泥资源化作为最高处置要求，实现污泥处置的生态效益、社会效益与经济效益的统一。污泥处置的研究趋势正从无害化向资源化转变，污泥的处置方式朝着多元化、安全化、经济化的方向发展，污泥的资源化处置利用符合可持续发展的需要。

6.3 废酸资源化

我国的废酸产生量巨大，资源化利用相对粗放，技术进步不明显，商业模式不清晰，资源化之路面临巨大挑战。废酸资源化处理处置迫切需要相关技术和政策的支撑，《国家中长期科学和技术发展规划纲要(2006—2020年)》也将综合治污与废弃物循环利用列为环境重点领域的优先主题。

当前废酸处理所面临的主要问题具体表现在：废酸应用的技术标准还不完善；废酸处理技术还有待提高；废酸利用补贴的经济政策不足以支持企业利用废酸的积极性；其他生产领域综合利用废酸(水处理剂、化肥工业、水泥行业等)已经带来一定的环境风险。

废酸由于来源广泛、分布众多，且不同行业产生的废酸浓度、组成成分差别很大，治理废酸不可能有简便统一的方式，必须依靠涉酸企业和相关行业的技术进步来解决。

6.3.1 废硫酸资源化技术

硫酸是最基本的化工原料，被广泛应用于石油化工、钢铁、冶金、农药化肥、燃料、医药、钛白粉等行业。工业上的废硫酸或产生于有机物的硝化、磺化、酯化、烷基化、催化和干燥等过程，或者产生于钛白粉生产、钢铁酸洗和气体干燥等过程。我国废硫酸中无机废酸约占35%，有机废酸约占65%，含量40%以上废酸约占46%，废硫酸总量大，但来源广泛，行业分散且单个企业产出量不大，杂质含量高，大多含有机物，直接利用会造成二次污染，很难统一集中处理[44]。

(1) 废硫酸的资源化技术

废硫酸的资源化技术含有两方面内容，一是废酸液处理技术，二是在处理废酸液过程中同时生产硫酸铵产品或其他高附加值的产品技术[45]。化学工业中，生产所排放出的废硫酸或含硫酸废水如果在原工序中无法直接使用，可以考虑用于对硫酸质量要求不高的其他生产工序。另外，一些以硫酸为原料的生产工序，若对硫酸中的杂质含量要求不高，也可直接用废硫酸液或将废硫酸稍加处理后用作原料，这样既节约资源，又减少酸排放；石油炼制行业的废酸粘度大、色泽深、性质不稳定，很难处理且回收利用成本高；由于废酸液中杂质较多，涉及食品安全，现在在化肥行业已禁止采用废硫酸；钢铁产品需要进行酸洗，目前钢厂对废酸基本做到回收和循环利用。

废硫酸处理主要有废硫酸浓缩、高温裂解、化学氧化、萃取、结晶、生产化肥和中和处理等工艺[46]、[47]。

① 浓缩法：将稀废硫酸加热浓缩，有机物、金属化物等发生氧化、聚合等反应，转变为深色胶状物或悬浮物后过滤除去，从而达到去除杂质、浓缩稀硫酸的双重目的。其缺点是酸的强腐蚀性和酸雾对设备和操作人员的危害很大，实际操作比较麻烦。

② 吸附法：吸附法是利用固体吸附剂将废酸中所含的有机杂质吸附下来，使废酸得到净化。常用的吸附剂有活性炭、多孔性吸附树脂、硅胶、活性白土等，但吸附剂的再生比较困难。

③ 萃取法：萃取法即采用对废酸中所含有机杂质有很大溶解度的有机或无机溶剂，使废酸中的有机杂质转移到溶剂中来，使废酸得到净化。但是由于受到萃取剂的专一性和萃取剂的后期分离与回收等方面的限制，其应用范围相对较窄。

④ 氧化法：用氧化剂在适当的条件下将废硫酸中的杂质氧化分解，使其转变为二氧化碳、水、氮的氧化物等从硫酸中分离出去，从而使废硫酸得以净化回收。常用的氧化剂有双氧水、硝酸、高氯酸、次氯酸、硝酸盐、臭氧等，每种氧化剂都有其优缺点。

⑤ 膜扩散渗析(DD)法：使高浓度溶液中的溶质透过薄膜向低浓度溶液中迁移，渗析过程能耗低、费用省、污染小。该法适于无机酸与盐的分离，小分子有机酸与盐的分离，但分离效率较低，设备投资较大。

⑥ 热解法：废酸的焚烧裂解技术是将废酸在高温下裂解生成 SO_2 气体，接着将制得的 SO_2 气体在催化剂作用下转化为 SO_3，并最终生成98%的浓硫酸。该法是处理废酸最彻底的一种工艺，且所得的工业硫酸是商业级的，并能够制成任何所需要的浓度，但处理成本高，投资大。

⑦ 电渗析：利用耐强酸强碱的均相阴阳离子交换组成了电渗析。可对酸碱进行浓缩与淡化，其过程也需要消耗电能，但相对蒸发浓缩，可省能 70%以上。稀酸

经浓缩后，产生二股液体，一为淡液，酸碱浓度小于 0.05%，体积不变，经适当处理后，可以作为回用水；二为浓液，酸碱浓度为 10%左右。可用于处理盐酸（0.5%～5%）、氢氟酸（0.5%～5%）、硫酸（0.5%～6%）、氢氧化钠（0.5%～3%）。

（2）废硫酸液资源化工艺

以硫酸酸洗钢铁件的行业为例，其主要工艺为将需酸洗的工件放入含硫酸25%左右的水溶液中，加热到 70℃，待表面氧化物除净后取出。经酸洗一定次数后原液中硫酸的含量逐渐降低，硫酸亚铁的含量增高，达到一定程度后，即为待处理的含酸废液。废酸液经预处理蒸发浓缩结晶，酸回用，硫酸亚铁以结晶方式从废酸液中分离，再以氨水为碱性中和剂，使其同硫酸根、金属离子发生化学反应，进一步加工分离，生成铁系无机颜料和硫酸铵产品，从而达到综合治理的目的。

该过程发生的化学反应：

$NH_4^+ + SO_4^{2-} \longrightarrow (NH_4)_2SO_4$

$Fe^{2+} + OH^- \longrightarrow Fe(OH)_2$

$4Fe(OH)_2 + O_2 + 2H_2O \longrightarrow 4Fe(OH)_3$

$4Fe(OH)_3 \longrightarrow 2Fe_2O_3 + 6H_2O$

$4Fe(OH)_2 + O_2 \longrightarrow 4FeOOH + 2H_2O$

$3Fe + 2O_2 \longrightarrow Fe_2O_3 + FeO$

工艺流程如下：

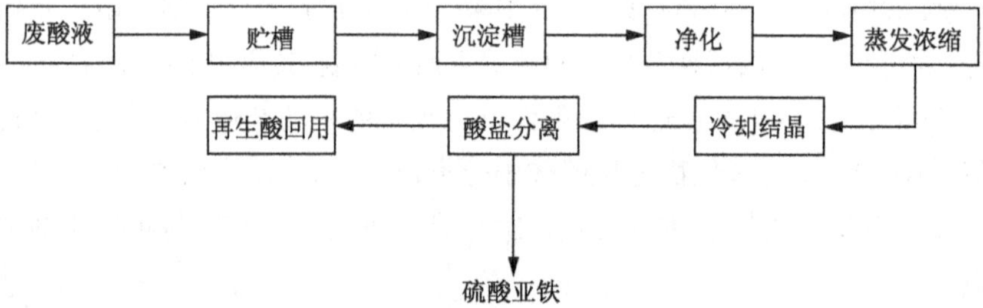

图 6.3-1　废硫酸利用工艺流程图

该技术使废硫酸液中的化学物质得到充分利用，同时还可以生产氧化铁系颜料和硫酸铵等高附加值产品，具有较大的推广应用前景和市场潜力。

6.3.2　废盐酸资源化技术

盐酸是一种常用的化工产品，广泛用于钢铁、电镀和钢铁结构件的酸洗生产，同时也用于化工、稀土生产过程中。而盐酸中的氯元素，在国民工业中占有十分重要的地位。四千年前氯化钠就被用于蔬菜和肉类保鲜，目前，用于制造多种化学品、肥皂和纸张等多种产品，2006 年全球氯化钠的产量约为 2.4 亿吨（合氯元素约

1.46 亿吨)，其下游主要产业氯碱和纯碱工业，衍生出数以千计的产品；氯化钾主要用于生产钾肥，2006 年全球钾肥产量为 2 900 万吨(K_2O)，约合氯元素 1 200 万吨。因此回收利用废盐酸液中的 HCl，是解决氯元素利用率低，资源浪费的有效途径。

(1) 废盐酸资源化技术

废盐酸资源化利用的核心是实现盐酸的再生回用[48]，从而满足增加氯元素循环的可再生发展的战略要求。氯元素的循环有三种途径：① 氯化氢(或稀盐酸)循环利用：稀盐酸提浓制备盐酸产品，氯化氢制氯气，酸再生技术；② 废氯化钙循环利用：纯碱企业加大氯化钙产品生产，变废为宝，碱渣生产水泥、碱渣土及碱渣砖、沥青混合料等，碱渣盐泥用于烟气脱硫；③ PVC 废物循环利用：机械回收利用，化学回收利用(裂解、高炉焚烧等)。直接利用废盐酸液制备复合型水处理凝聚剂聚合氯化铝铁、制备氧化铁系颜料、制备亚铁盐，直接处理印染废水也可实现废盐酸的综合利用。

① 直接焙烧法

有逆流加热的喷雾焙烧法和顺流加热的流化床焙烧法，二者原理相同。利用 $FeCl_2$ 在高温、有充足水蒸气和适量空气的条件下能定量水解的特性，在焙烧炉中直接将 $FeCl_2$ 转化为盐酸和 Fe_2O_3，反应生成的和从酸里蒸发出来的 HCl 气体被水吸收得到质量分数为 18%左右的再生盐酸。Fe_2O_3 进入反应炉底部，通过输送管道进入铁粉料仓。该法既可回收资源，又解决了废酸的环保问题，属于国家鼓励的治理技术。针对钢铁厂酸洗废液的特点，美国 SHARON 厂、VALLYCITY 钢铁厂及我国鞍钢、宝钢、邯钢、攀钢等均采用 Ruthner 喷雾焙烧法废盐酸再生技术。另外，唐钢于 2009 年引进了美国 ISSI 公司的盐酸再生系统，这个系统由脱硅和喷雾焙烧法组成，该工艺使酸洗废酸基本全部回收，有效降低酸耗；同时盐酸再生系统可最大限度地使用废漂洗水，减少废水排放量和降低废水处理成本。

② 萃取法

萃取是溶质在两种互不混溶的溶剂中具有不同溶解度的基础上实现物质的提纯分离。一种方法是在废酸液中使用萃取剂，它能溶解氯化氢但不能溶解氯化亚铁，从而使废酸液中的氯化氢和氯化亚铁分离，再用水把已溶解在萃取剂中的氯化氢进行反萃取，得到盐酸。这种方法酸的回收率较高，为所用酸的 80%～90%，仅次于喷雾焙烧法。另一种方法是用萃取剂将废酸中的酸与 $FeCl_2$ 分离，通过补充 Cl_2 使 $FeCl_2$ 成为 $FeCl_3$。该法仅能回收废酸中的游离酸，回收酸的浓度为 4%～8%，需浓缩后加入新酸才能使用，酸的回收率仅为所用酸的 20%～25%。

③ 中和置换法

中和法采用大量石灰与废盐酸发生中和反应，而后将其直接排放。这是处理酸洗废液最古老的一种方法。该法工艺简单、对设备要求不高。但在处理废酸液过程中,会产生氢氧化铁和大量废水,致使污水难以达标排放,带来二次污染;同时,该法需人力较多,占用场地大,还需要进一步解决废渣堆放、运输问题。因此该法只适用于规模小的废酸处理企业。张孟民等[49]将废酸通过浓缩精馏、酸化制得 HCl 气体,在吸收成盐酸的处理中,废酸中 Cl 的回收率达到 85%,得到的盐酸浓度达 34%,同时副产氧化铁红和磷肥。这是目前替代中和法处理含铁废盐酸较为理想的方法,可带来明显的经济效益,且环境友好。

④ 膜分离法

离子交换法、扩散渗析法、电渗析法都属于膜分离法,他们都能实现酸盐的分离。离子交换法是利用某些离子交换树脂从废酸溶液中吸收酸,排放金属盐的功能实现酸盐分离的方法,回收率达 70%以上。该法能耗低,工艺流程短,易操作;若常温处理,可提高设备和管道的使用寿命,减少氯化物的溢出,但是,常温处理回收盐酸的浓度偏低,需添加浓盐酸才能使用。扩散渗析是使高浓度溶液中的溶质透过薄膜向低浓度溶液中迁移的过程,渗析过程能耗低、运转费用省、环境污染小;但该法分离效率低,设备投资较大。膜蒸馏法是一种利用疏水性微孔膜、以膜两侧的蒸汽压力差为驱动力的膜分离过程。首先利用低温膜蒸馏技术分离亚铁盐和盐酸,亚铁盐溶液经浓缩结晶制成亚铁盐晶体,稀盐酸经浓缩膜蒸馏技术浓度提高到 20%左右。这种方法几乎可以回收全部盐酸,再生盐酸浓度达 20%,能有效地进行酸洗重复使用,且铁盐综合回收率在 98%以上[50]、[51]。电渗析是利用电场产生的推动力使阴、阳离子分别向阴、阳膜移动并通过,从而达到分离的目的。这种方法不仅能有效回收废水中的有用物质,还可以使废液中的酸达到一定浓度,进而循环利用。但该法会产生副产物氯气,而氯气会破坏膜[52]。

(2) 废盐酸液资源化工艺

以 Ruthner 焙烧法为例,钢铁工业中,酸洗机组作为整个钢铁冷轧生产的第一道工序,是用盐酸洗去带钢表面的氧化铁皮(化学组成主要为 Fe_2O_3、Fe_3O_4、FeO)。酸洗过程产生废盐酸酸洗液,进入洗涤塔与焙烧炉中的烟气混合并洗涤其中的颗粒物从而使酸液得到浓缩,浓缩酸液进入焙烧炉,与水蒸气、空气中的氧气发生以下化学反应:

$$4FeCl_2+4H_2O+O_2=2Fe_2O_3+8HCl$$

$$2FeCl_3+3H_2O=Fe_2O_3+6HCl$$

该再生技术可以将废酸液中绝大部分铁离子和氯离子以 Fe_2O_3 和 HCl 的形式回收,使资源得到最大程度的循环利用,酸回收率在 99.9%以上,生产的副产品氧化铁粉是市场畅销的磁性材料的原料,价格较高,能有效降低酸洗成本,创造较大的经济效益。

6.3.3 小结

不同工艺废酸的组成、含量和杂质均有所不同，难以找到一个包打天下的工艺技术，需要具体问题具体分析，众多技术的集成才能解决问题。其次企业所处的地域、产品、市场等影响因素不容忽视，需要具体设计。最后结合园区特点，设计园区发展的重点产业，分析园区废酸特点，统一部署，专题规划，分步实施，实现酸的循环利用是必由之路。工业废酸实现资源化循环主要可以从以下方面着手：

(1) 源头削减：如固体酸替代氢氟酸催化剂，固体超强酸代替硫酸；

(2) 工艺改进：如硝基苯绝热工艺，稀硫酸减压闪蒸脱水；

(3) 工艺循环：如氯化氢回收利用 PVC 生产，氯化法；

(4) 再生利用：如废硫酸、废盐酸净化浓缩，废硫酸裂解技术，盐酸废液酸再生技术等；

(5) 循环利用：如氯化氢制氯气；

(6) 废物资源化：如硫酸亚铁硫酸钙分解制硫酸，无机化学品制备；

(7) 联产磷肥：如有色金属冶炼联产磷肥，废硫酸用于磷肥生产；

(8) 其他联产：如氯化铵联产氯甲烷，氨循环，氯化氢联产氟化工；

(9) 梯级利用：如其他工业清洗使用；

(10) 得到有用副产品：如副产氯化钙、氯磺酸、硫酸亚铁、硫酸铵等。

6.4 化工废盐处理处置技术

化工行业是废盐、残渣的产生大户，具有来源多样、种类繁多、成分复杂、有毒有害物质含量高、环境危害严重、处理经济成本高等特点，备受管理者和公众关注，在环保要求越来越严的今天，对废盐、残渣的处理成了个棘手的问题。另一方面，盐也是一种重要的化工原料，是极为宝贵的国家战略资源，回收利用化工副产废盐作为工业原料用盐或研发其他用途，不仅可以消除对环境的污染，还可以充分利用宝贵的盐资源，将副产盐资源化，实现循环经济。

6.4.1 化工副产盐的现状

(1) 化工副产盐的来源

化工副产盐中，主要成分为氯化钠，大致可以分为单一废盐、混盐和含有机物的废盐。单一废盐是只含有氯化钠、硝酸钠、氯化钙、氯化镁、硫化钠等其中一种的盐；混盐是包含上述多种成分的盐产品；含有机物的废盐中夹带着大量有机物，使其具有强烈的刺激性气味，其中还有可能夹带重金属离子、杂原子等杂质元素，属于有害物质。

2016版《国家危险废物名录》将化学合成原料药生产过程中产生的蒸馏及反应残余物、化学合成原料药生产过程中产生的废母液及反应基废物划定为危险废物，必须按照相应的法律法规执行，不得私自排放。

(2) 化工废盐的现状

① 产生量大。化工产品(特别是农药)的生产过程中产生大量的副产盐渣，据不完全统计，2015年全国每年副产盐渣约500万吨，许多企业均出现了“胀库”现象，工业废盐量大且难以处理。

② 无相应的标准。目前，化工废盐处理处置相关的标准缺失。《草甘膦副产品工业盐行业标准》等标准目前还未正式实施，大量其他产品副产品工业盐标准仍缺乏。

③ 毒性大。在副产盐中含有大量的有毒有害物质，如有机污染物、重金属元素、刺激性气味等，如果堆放不合理，很容易对土壤、地下水、空气造成污染。

6.4.2 高盐废水处理技术

化工污水零排放技术是综合应用前处理、膜分离、蒸发结晶/干燥等物理、化学、生化过程[53]，将废水中的固体杂质浓缩至很高浓度，大部分水已返回循环回用中，剩下少量伴随固体废料的水，可以根据企业具体情况选择：蒸发/结晶；用于生产副产品，进入固体产品；作为固体废料处理等方式，行进安全处置。

含盐废水经过膜法分离浓缩的工艺进行减量浓缩，浓液继续进入蒸发结晶装置，废水中的盐类析出变成晶体，可以直接进行固体废物处理，也可以通过进一步处理进行分盐，从而达到废盐资源化的目的。目前含盐废水蒸发结晶主要采用多效蒸发技术和机械蒸汽再压缩技术。

(1) 多效蒸发技术

多效蒸发技术是在普通蒸发技术基础上发展起来的节约能耗，降低运行成本的一种蒸发技术，具有能耗低、蒸汽耗量低、冷却水耗量低、运行成本低等优点。

(2) 机械蒸汽再压缩技术

机械蒸汽再压缩技术利用热能蒸发浓缩结晶原料液。它具有100%循环利用二次蒸汽的潜热[54]，大大减少了能源消耗；实现低温蒸发，最低可以实现30℃蒸发。具有运行成本低、体积小、维护方便、自动化程度高等优点。

6.4.3 废盐处理技术

在国外，这种副产盐渣大多采用无害化处理后将盐直接向海洋倾倒，如在日本，将农药生产中产生的副产盐渣在高温条件下去除有害的有机杂质，然后将盐向海洋倾倒，使资源回归自然[55]。这种处理方式有很大的局限性，一是企业必须临海或离海岸不远，二是副产盐渣中不含有害的无机杂质。

目前，我国对于化工废盐的处理一般是进行填埋，但随着原有化工生产规模的迅速扩大以及新化学品的大量涌现，化工废渣的产量也与日剧增，填埋处理需要占用大量的场地，造成土地资源严重浪费，同时化工废渣还会对地下水资源和生态系统造成严重破坏[56]。回转炉焚烧处理是一种可行的废盐处理技术，但焚烧过程中可能存在无机盐的熔融问题，导致高温耐火材料不能继续使用，同时化工废盐废渣焚烧后，产生的烟气可能夹带的熔融的无机盐在后面的处理设备中冷却结晶，造成后面设备无法正常使用。因此，我国的科研工作者也积极地研究了多种化工废盐的无害化处理方法，并取得了一定的成效。

废盐回收或处理方式：

(1) 无机废盐

① 重结晶

淬火后的废盐回收。一般淬火使用的盐浴是由 $NaCl+KCl$ 组成的，淬火后的废盐不能直接使用，若倒掉不但浪费，而且对周围农作物的生长和环境保护都有一定的影响。

上海市礚山劳动轴承厂理化室[57]通过溶解→过滤→加热蒸发结晶→干燥的工艺流程对废盐进行了回收处理，使“废”盐不废，成了完全符合热处理淬火要求的好盐。

② 中和去毒

氰化物废盐的中和去毒处理。为了防止废氰盐的扩散和污染，杨炳儒等[58]将废氰盐和硫酸亚铁进行热态中和处理，反应后的氰化物被完全彻底破坏，氰化物氧化后生成了无毒的碳酸盐和气体及硫、铁等。再加以冷态处理或用废水稀释，完全达到了国家规定的含氰污水排放标准。

③ 沉淀及重结晶

钛白粉生产中氯化废盐渣的处理。在氯化法生产钛白粉中有大量废渣产生，氯化废渣是主要废渣。赵晋等[59]研究的待处理的废渣中盐类占30%以上，其他为碳、水不溶物、少量钛渣及钒等。将废盐类用水溶解，然后投入碱液解析，大部分金属形成氢氧化物沉淀，水溶液主要含 $NaCl$，然后进行渣、水分离，溶液可以通过晒盐予以回收，剩余无害化沉渣送渣场。

(2) 含有机物的废盐

① 高温处理法

有机合成中存在着众多的以弱碱性盐(如 Na_2CO_3、K_2CO_3 等)作催化剂的化学反应，这类反应一般将产生大量的废盐渣，此类盐渣成份复杂(既含有多种无机成分，又含有多种有机成分)，难以直接处理，是环保中的一大难题。

醚化废盐渣的回收。宁文琳等人[60]，将呋喃酚的生产过程中所产生的醚化废盐渣，通过采用洗涤及真空干燥的方式，对废盐渣中的有机溶剂及单醚进行回收利用，既减少废盐渣对环境的污染，又实现资源的回收利用。

王春等人[61]，以安徽省化工研究院试验工厂生产中产生的醚化废盐渣为原料，经过大量的实验，最终找出了一条处理该盐渣的较佳方案。该方案可直接应用于工业生产，并对同类反应的废盐渣处理具有现实的指导意义。其具体处理方案是：将废盐渣经灼烧、溶解、滴加反应物反应、过滤、结晶、再过滤、干燥等处理后，制得合格的无机盐类产品。实验中滴加的反应物为工业氢溴酸，制得的产品为溴化钾(含量≥99.0%)。溴化钾可用于感光材料工业和医药工业等诸多方面。

农药副产废盐渣的回收。农药副产废盐渣中所含有的有机物的沸点和热分解温度为200℃～500℃，因此可以利用这些有机物在高温条件下易挥发或热分解成易挥发性物质的特点，采用合适的设备和工艺将有机物从氯化钠中除去，达到无害化处理的目的。

胡卫平等人[62]，利用湖南化工研究院专利技术建立了一套农药副产盐渣处理装置，处理后的盐(20%水溶液)COD值为83.5 mg/ L，毒性检测属Ⅲ类，为低毒化学品，且处理过程不产生二次污染达到无害化处理的目的。产品盐可以用于建材添加剂等工业领域，具有较好的经济效益和社会效益，也为其他化工副产废盐的无害化处理及资源化利用提供依据。

② 分级碳化法

分级碳化法工艺即采用低温分级碳化。根据不同盐渣的临界软化点和临界碳化点选择不同的碳化温度和碳化方法，解决了高温碳化处理和直接高温处理废盐工艺中存在的废盐软化、设备粘结、碳化不均、杂质去除不净等问题。

③ 盐洗法

主要采用饱和的副产品溶液进行清洗，将副产品中的有机物、重金属等物质溶解于清洗溶液中，从而达到净化副产品的目的。

沈阳化工研究院[63]在研究苯氧羧酸类农药生产废水副产盐资源化利用过程中，将高盐废水经化学分离后蒸发浓缩，蒸出水去生化处理，蒸馏釜残结晶，干燥后即得粗盐；粗盐中含有一定浓度的羧基乙酸等有机物，向其中加入少量的废水，将其洗涤干净，洗涤浆液去生化处理，同时得到精制工业盐。

④ 制纯碱法

将盐渣制成饱和盐水溶液后，一定条件下通入氨气、二氧化碳气或直接加入固体碳铵，反应一段时间后，结晶析出固体碳酸氢钠，分离洗涤后高温分解制得纯碱，分离母液主要含氯化铵，再加入盐渣冷冻析出氯化铵后循环至制碱工序。此法的关键是提高反应速率，解决盐渣中有机杂质对产品质量的影响。该法特别适合本身需要纯碱或氯化铵的企业，可使废渣资源化利用，实现循环经济。

⑤ 高级氧化技术

在用饱和副产品盐清洗的基础上，添加化学氧化剂，如次氯酸钠、双氧水、臭氧等氧化剂，将有机污染物进行氧化，从而得到干净的副产品盐。

6.4.4 化工废盐在各行业中的应用

(1) 氯碱行业废盐泥综合利用的研究

在氯碱工业中以氯化钠为原料通过电解方法制取氢气、氯气和烧碱的过程中，排出的泥浆经压滤机压滤形成含水率较低的固体盐泥。

盐泥的资源化一直困扰着氯碱企业的健康发展。随着技术的发展，盐泥的应用逐步从实验模式发展到工业化模式。盐泥在各方面的应用情况分析比较如下：由盐泥生产高强度轻质陶粒、融雪剂及碱性有机农肥可使盐泥的综合利用达到环境效益的最大化，且无二次污染；制备轻质氧化镁、硫酸钙晶体须使盐泥中的高附加值成分得到较高的利用，但工艺复杂、成本高、能耗高、易造成二次污染；在添加剂及水处理剂方面，盐泥起到了替代传统材料的作用，具有一定的潜在发展优势[64]。

(2) 化工废盐在盐卤工艺中的应用

① 废盐泥去除卤水中硫酸根新工艺的研究

文震等人[65]，研究了利用卤水除 Ca^{2+}、Mg^{2+} 之后产生的废盐泥来脱除卤水中 SO_4^{2-} 的工艺。考察和比较了盐泥用量、体系 pH 值、温度、反应时间、$CaSO_4 \cdot 2H_2O$ 晶形成长与过滤条件等因素对 SO_4^{2-} 去除过程的影响，并探讨了原因。在此基础上，确定了废盐泥脱除卤水中 SO_4^{2-} 的新工艺，可使 SO_4^{2-} 的含量由 8.16g/L 降低到 3.63g/L，能够满足工业与食用盐对 SO_4^{2-} 含量的要求。

② 废盐提高析钠卤水中钾混盐矿的产出

朱永昆等人[66]，研究了向正在析钠的卤水中加入一定量的车间排放废盐，此废盐是由钾混盐矿生产硫酸钾镁肥反应所排出。通过加入该废盐，使析钠卤水中钾、镁和硫酸根含量得到提高，卤水系统点移动，重新进入软钾镁矾相区，析出钾混盐矿。

③ 含钾废盐精制氯化钾

盐湖股份公司(2013 年)[67]通过采用原地池浸溶钾和尾矿溶钾技术，将盐田晒制钾石盐,采用热溶真空结晶技术,建成了年产10万吨精制氯化钾热溶示范装置,产品氯化钾品位≥98%。该装置每年处理含钾废盐300万吨以上,节约清理废盐费用1 000多万元,经济效益好,此前该成果已被鉴定为国内领先水平。

④ 工业废盐生产磷酸二氢钠

郑学明等人[68],利用浓磷酸和工业废盐氯化钠反应,生产磷酸二氢钠,副产浓盐酸,不但能解决工业氯化钠的污染问题,而且可以把浓磷酸转化成更具有价值的磷酸二氢钠,还能得到另一种较高级的工业浓盐酸。

⑤ 工业废盐在变换气制碱中的应用

湖南冷水江制碱厂[69]将工业废盐应用于变换气制碱的生产中。研究表明,适当调整工业废盐的投加量,及控制废盐中 Na_2CO_3 及 NaOH 的含量,可以达到预期生产目标,并且降低了纯碱生产单位成本。

⑥ 废盐泥在烟道脱硫中应用

山东海化股份有限公司[70]将纯碱厂产生的含 $CaCO_3$ 废盐泥替代石灰石细粉颗粒作为脱硫剂,实施了脱硫废盐泥管线项目。该项目于2008年12月投用,投用后系统运行平稳,生产波动较小,在热电厂烟气实现达标排放的基础上,每年可节约电能831.6万kW·h,可减少石灰石消耗11.9万吨,经济环保效益显著。

6.4.5 化工废盐处理装置及工艺研究

(1) 处理化工废盐废渣的热解装置研发

陈姚等[71]发明的热解装置结构简单(专利申请号:201410712497.X),能对化工废盐废渣中的有毒有害物质进行有效分离,使化工废盐废渣无害化和资源化。该装置的结构要点是包括驱动装置、输送装置和加热装置。

(2) 工业废盐渣无害化处理方法

项贤富等[72]发明了一种工业废盐渣无害化处理方法(专利申请号:201410465013.6),它包括:工业废盐渣配料;混料初干燥和中度微波干燥;无氧微波裂解;裂解后的废盐经空气冷却后入库。裂解后的废盐得到了彻底的无害化处理并经检测合格后外售或自行再利用。大大缓减工业发达地区、特别是化工石化园区的固体废物管理压力,有利于促进相关园区可持续发展。

(3) 工业废盐精制装置及工艺

毛永生等[73]发明了一种化工工业废盐精制装置及工艺(专利申请号:201510077706.2)。该装置及工艺能够有效地将氨基苯醚和硝基苯酚生产过程中产生的大量氯化钠废盐进行无害化处理,实现了废盐的资源化再生。

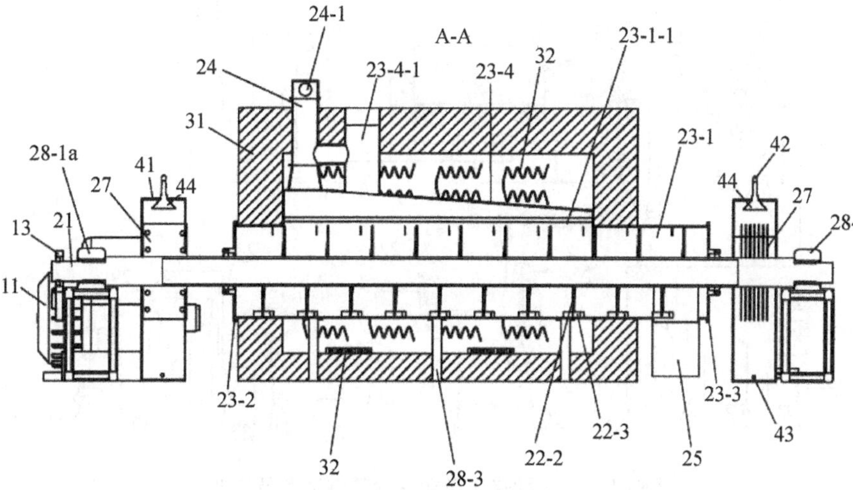

图 6.4-1 一种处理化工废盐废渣的热解装置

图中编号说明如下：

1. 驱动装置：11 含电机，12 减速箱，13 链条，14 皮带。

2. 输送装置：21 含驱动轴，22 送料板组件，22-1 送料板，22-1-1 间隙，22-2 输送板，22-3 搅拌，23 料筒，23-1 筒体，23-1-1 排气口，23-2 左端盖，23-3 右端盖，23-4 上盖，23-4-1 内排烟管，24 进料口，24-1 外排烟管，25 出料口，26-1 排废气口，27 散热片，28 支撑组件，28-1 轴承座，28-1a 左轴承座，28-1b 右轴承座，28-2 驱动轴支架，28-2a 左驱动轴支架，28-2b 右驱动轴支架，28-3 料筒支架。

3. 加热装置：31 含炉体，32 电加热丝。

4. 冷却装置：4a 左冷却装置，4b 右冷却装置，41 水箱，41-1 下箱体，41-2 上箱盖，42 进水管，43 回水管，44 莲蓬头。

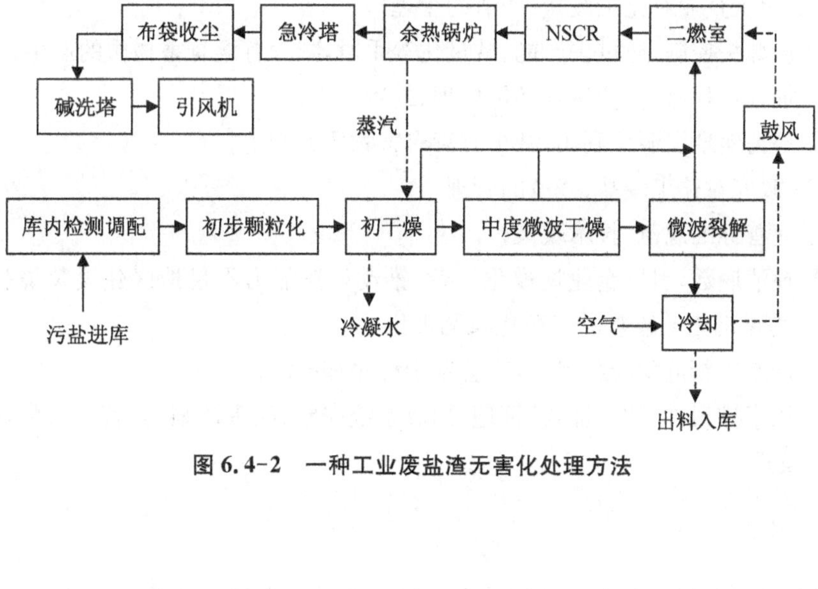

图 6.4-2 一种工业废盐渣无害化处理方法

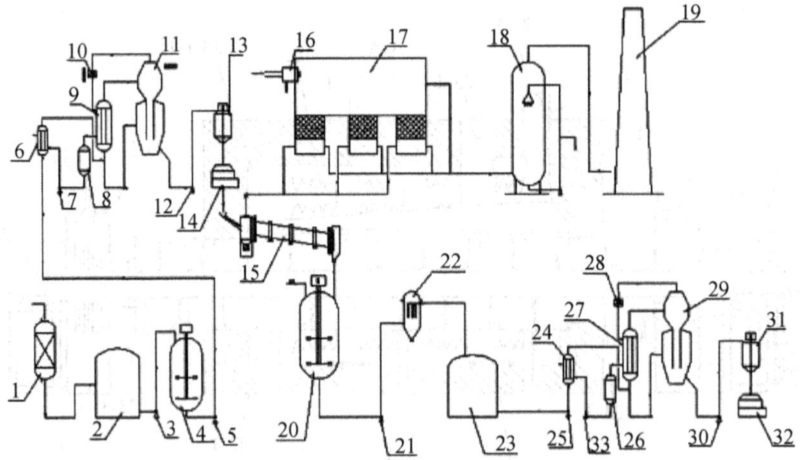

图 6.4-3 一种化工工业废盐精制装置及工艺

图中编号说明如下：

1 吸附塔，2 中间罐，3 第一泵，4 调节釜，5 第二泵，6 第一预热器，7 第三泵，8 第一凝结水罐，9 第一蒸发器，10 第一蒸汽压缩机，11 第一结晶器，12 第四泵，13 第一稠厚器，14 第一离心机，15 回转窑，16 燃烧器，17 焚烧炉，18 冷却塔，19 排气塔，20 溶解罐，21 第五泵，22 过滤器，23 储罐，24 第二预热器，25 第六泵，26 第二凝结水罐，27 第二蒸发器，28 第二蒸汽压缩机，29 第二结晶器，30 第七泵，31 第二稠厚器，32 第二离心机，33 第八泵。

6.4.6 化工废盐政策及管理的研究

化工行业排放的废盐、残渣具有成分复杂、有毒有害性大、处理成本高等特点，是行业危险废物处理的难点。

(1) 化工企业对化工废盐、残渣的管理

① 从源头控制，通过去产能、减量化等手段，减少有毒有害物质的产生；

② 加强过程监管，使达到环保处理、处置要求；

③ 努力实现资源化利用，减少有毒有害物质的产生。

(2) 政府对化工废盐、残渣的管理

① 完善标准规范、技术政策；

② 摸清底数，引导企业规模化经营，推动处置能力不足地区建设焚烧和填埋设施，着力推动工业废盐的资源化与无害化；

③ 动态更新危险废物名录，完善鉴别程序和办法；

④ 探索排污许可"一证式"管理，形成系统完整、权责清晰、监管有效的污染源管理新模式。

6.4.7 小结

化工废盐的处理处置一直困扰着化工企业健康发展。随着技术的发展，除了传统的填埋和焚烧处理外，无论是在废盐回收或处理方式，还是在回收废盐的后续应用，以及化工废盐处理装置及工艺研究等方面都有较大的发展，部分技术已经应用于工业化生产。

为了化工企业和环境更加和谐的发展，政府应积极完善化工废盐、残渣管理的相关标准规范、技术政策，制定有效的监管模式，并引导企业规模化经营；企业应加大对化工废盐资源化开发利用的投资力度，利用自身的资源优势、技术优势及品牌优势将废盐的开发利用与其他产业联合，对盐泥进行多级资源化开发利用，使废盐的资源化利用最大化，从而实现化工企业健康、可持续发展。

参考文献

[1] 张义，郝树江，张乾. 热泵低温干化技术在工业污泥深度减量化领域的应用[J]. 工程机械与维修，96-98，2017.07.

[2] 沈浩锋. 污泥干化技术及发展[J]. 时代报告，2014.11：313-315.

[3] 谢小青. 厦门城市污泥深度脱水处理和资源化处置利用技术[J]. 水工业市场，2010(7)：26.

[4] 谢小青. 厦门城市污泥深度脱水处理和资源化处置利用技术[J]. 水工业市场，2010(7)：26.

[5] 聂有壮，袁冀，孙大伟. 污泥干化在咸阳路污水处理厂的应用. 见：污泥处理处置新技术，新工艺，新设备[M]. 北京：化学工业出版社，2011：89-93.

[6] 梁成铨，张会敏，沈涛，高明. 低温干化系统在污泥处理中的应用. 见：污泥处理处置新技术，新工艺，新设备[M]. 北京：化学工业出版社，2011：109-113.

[7] 李学义，高颖，王冰. STR太阳能污泥干化处理. 见：污泥处理处置新技术，新工艺，新设备[M]. 北京：化学工业出版社，2011-06：93-99.

[8] Grosser A，高颖. 太阳能污泥干化处理[J]. 亚洲给水排水，2007，5/6：48-51.

[9] 李登新. 固体废物处理与处置[M]. 北京：中国环境出版社，2014：317-321.

[10] 徐强，刘明，张春明. 污泥处理处置新技术，新工艺，新设备[M]. 北京：化学工业出版社，2011：89-93.

[11] 翁焕新，马学文，苏闽华，等. 利用烟气余热的污泥低温干化技术. 见：污泥处理处置新技术，新工艺，新设备[M]. 北京：化学工业出版社，2011：99-109.

[12] 翁焕新，马学文，苏闽华，等. 二段式污泥低温干化的原理与水汽热量平衡[J]. 环境科学学报，2010，30(6)：1164-1169.

[13] 卢宁，文一波，魏婧娟. 污泥的电渗透脱水技术研究进展[J]. 环境科学与管理，2010，35(3)：85-87，95.

[14] Mahmoud A, Olivier J, Vaxelaire J, et al. Electrical field: Ahistorical review of its application and contributions in waste water sludge dewatering[J]. Water Research，2010，44(8)：2381-2407.

[15] Li W D, Li W F, Liu H F. Effects of sewage sludge on rheological characteristics of coal-water slurry[J]. Fuel，2010，89(9)：2505-2510.

[16] 胡勤海，孟媛媛，朱建航，等. 污泥水煤浆在3.2MW卧式锅炉中的燃烧特性研究[J]. 环

境科学学报,2011,31(2):401-406.

[17] 李洪国,邹君峰,李政,等. 污泥干化技术综述及方案选择[J]. 当代化工,2017,64(6):1186-1189.

[18] 蒋明麟.我国水泥工业“协同处置”废弃物现状及和未来发展的政策建议[J].中国水泥,2012(12):16-19

[19] 李宇军.中国城市环境面临的挑战及其对策[J].云南农业大学学报,2014,8(5):104-109.

[20] WU Qing,CUI Yan-rui,LI Qi-lu. Effective removal of heavy metals from industrial sludge with the aid of a biodegradable chelating ligand GLDA[J]. Journal of hazardous materials,2015,283:748-754.

[21] 贾勇军,彭旭,高汉英,等. 含油污泥无害化处理与资源化利用[J]. 工业锅炉,2013(2):26-32.

[22] Li Ye-qing, WANG Huan-zhong, ZHANG Jiang, et al. The industrial practice of co-processing sewage sludge in cement kiln[J]. Procedia environmental sciences,2012,16(4):628-632.

[23] 方斌斌.水泥窑协同处置酸洗污泥工业试验研究[J].环境科技,2016,29(4):35-37,40.

[24] LAMAS W D Q, PALAUJ C F, CAMARGO J R D. Waste materials co-processing in cement industry:Ecological efficiency of waste reuse[J]. Renewable & sustainable energy reviews,2013,19(1):200-207.

[25] 石德智,张金露,胡春艳,等.超临界水氧化技术处理污泥的研究与应用进展[J].化工学报,2017,68(1):37-49.

[26] RAZOUK R, EL-INANY G, FAHIM R, et al. The adsorptive properties of carbonised agricultural wastes[J]. Journal of Chemical UAR,1960,3(1):11-22.

[27] BEECKMANS J M, NG P C. Pyrolyzed sewage sludge: its production and possible utility [J]. Environmental Science & Technology,1971,5(1):69-71.

[28] SUTHERLAND G, WILMINGTON D E. Preparation of activated carbonaceous material from sewage sludge and sulfuric acid: 3998756[P]. 1976-12-21.

[29] TSAI W T, CHANG C Y, LEE S L. A low cost adsorbent from agricultural waste corn cob by pyrolysis with zinc chlorideactivation[J]. Bioresource Technology,1998,64(3):211-217.

[30] ZHU Z, LI A, SHENG Z, et al. Preparation and characterization of polymer-based spherical activated carbons with tailored pore structure[J]. Journal of Applied Polymer Science,2008,109(3):1692-1698.

[31] BUDINOVA T, EKINCI E, YARDIM F, et al. Characterization and application of activated carbon produced by H_3PO_4 and water vapor activation[J]. Fuel Processing Technology,2006,87(10):899-905.

[32] HIRUNPRADITKOON S, TUNTHONG N, RUANGCHAI A, et al. Adsorption capacities of activated carbons prepared from bamboo by KOH activation[J]. Proceedings of World Academy of Science Engineering & Technology,2011,78:711.

[33] CRUZ G, PIRILÄM, HUUHTANEN M, et al. Production of activated carbon from cocoa (Theobroma cacao) pod husk[J]. Journal of Civil & Environmental Engineering,2012(2):109.

[34] PIETRZAK R, NOWICKI P, KAZ′MIERCZAK J, et al. Comparison of the effects of

different chemical activation methods on properties of carbonaceous adsorbents obtained from cherrystones [J]. Chemical Engineering Research & Design, 2014, 92 (6): 1187-1191.

[35] MALDHURE A V, EKHE J D. Pyrolysis of purified kraft lignin in the presence of $AlCl_3$ and ZnCl2[J]. Journal of Environmental Chemical Engineering, 2013, 1(4): 844-849.

[36] LIN G, WANG Y, ZHU N, et al. Preparation of sewage sludge based activated carbon by using Fenton's reagent and their use in 2-Naphthol adsorption [J]. Bioresource Technology, 2013, 146: 779-784.

[37] XU L, SHEN C, WEN H L, et al. Rapid removal of dyes by carbonized sludge: process, effects of environmental factors, and mechanism[J]. Separation Science & Technology, 2014, 49 (16): 2574-2585.

[38] TAN G, SUN W, XU Y, et al. Sorption of mercury (Ⅱ) and atrazine by biochar, modified biochars and biochar based activated carbon in aqueous solution [J]. Bioresource Technology, 2016, 211: 727-735.

[39] REN X, LIANG B, MIN L, et al. Effects of pyrolysis temperature, time and leaf litter and powder coal ash addition on sludge derived adsorbents for nitrogen oxide [J]. Bioresource Technology, 2012, 125: 300-304.

[40] LIN Q H, CHENG H, CHEN G Y. Preparation and characterization of carbonaceous adsorbents from sewage sludge using a pilot-scale microwave heating equipment [J]. Journal of Analytical & Applied Pyrolysis, 2011, 93(1): 113-119.

[41] LIN L L, JIANG W J, JIN Y, et al. Study on activated carbon made from sewage sludge by microwave[J]. Chinese Journal of Environmental Engineering, 2007, 1(4): 119-122.

[42] ZHANG X K, JI H M, FAN X D. Study on preparation and becoloration properties of activated carbon from sewage sludge by microwave[J]. Carbon, 2008(2): 40-43.

[43] WU W B, CHEN J F, HUANG L F. Study on the preparation and regeneration of activated carbon with microwave radiation from sewage sludge.

[44] 桑建新. 我国废硫酸的来源、处理方法及利用现状浅析[J]. 硫酸工业，2016(1):62-66.

[45] 黄若飞. 工业废酸液处理及综合利用技术[J]. 化学工程师，2004，18(11):25-26.

[46] 纪罗军，黄新. 我国废硫酸的资源化利用与循环经济[J]. 硫酸工业，2008(5):11-17.

[47] 刘生，张端峰，刘振锋，等. 化工行业中废硫酸处理方法概述[J]. 现代化工，2014，34(5):1-3.

[48] 孙安妮，孙根行. 废盐酸再生利用研究进展[J]. 当代化工，2011，40(11):1178-1181.

[49] 张孟民，韩小龙，胡登伟，等. 工业酸洗含铁废盐酸的资源化处理工艺[J]. 环境保护科学，2007，33(5):21-23.

[50] Tomaszewska M, Gryta M, Morawski A W. Mass transfer of HCl and H_2O across the hydrophobic membrane during membrane distillation[J]. Journal of Membrane Science, 2000, 166(2): 149-157.

[51] Tomaszewska M, Gryta M, Morawski A W. Recovery of hydrochloric acid from metal pickling solutions by membrane distillation[J]. Separation & Purification Technology, 2001, s 22-23(1-3): 591-600.

[52] Regel-Rosocka M. A review on methods of regeneration of spent pickling solutions from steel processing[J]. Journal of Hazardous Materials, 2010, 177(1): 57-69.

[53] 崔凤霞，李荣，陈玮娜. 工业废水零排放技术进展[J]. 环境科学导刊，2016，A01：135-139.

[54] 董文虎，孙玉堂，陈光强，等. MVR 蒸发系统在淡盐水浓缩中的应用[J]. 氯碱工业，2017，53 (1)：37-42.

[55] 贺周初. 化工生产中副产盐渣的处理及资源化利用[J]. 中国农药，2008，4：18-20.

[56] 李玲，王颋军，唐跃刚. 封场垃圾填埋场的治理与城市土地可持续利用[J]. 环境卫生工程，2013，21(3)：20-25.

[57] 上海市磕山劳动轴承厂理化室. 淬火后的废盐回收[J]. 轴承，1977(5)：47-49.

[58] 杨炳儒. 氰化物废盐的中和去毒处理法[J]. 机械工人，1988，(4)：36-37.

[59] 赵晋. 钛白粉生产中氯化废盐渣的综合利用[J]. 辽宁城乡环境科技，2003，23(6)：28-29.

[60] 宁文琳，龚德慧，等. 呋喃酚醚化废盐渣中有机物回收利用的实验研究[J]. 精细化工中间体，2010，40 (1)：63-65.

[61] 王春，韩谋国，王多余，等. 有机合成中以弱碱性盐作催化剂产生的废盐渣的回收利用研究[J]. 安徽化工，2004，(6)：39-41.

[62] 胡卫平，贺周初，朱文新，等. 农药副产废盐渣的无害化处理及利用[J]. 精细化工中间体，2013，43(3)：48-50.

[63] 辽宁东大粉体工程技术公司. 中国工业环保促进会. 2016 全国化工废盐、残渣管理与技术发展论坛论文集. 南京：2016.

[64] 刘明亮，郭泉辉，王树立，马新起，等. 氯碱行业盐泥综合利用的研究进展[J]. 化工环保，2014，34(6)：520-524.

[65] 文震，党志，何洁蓉，等. 废盐泥去除卤水中硫酸根新工艺的研究[J]. 海湖盐与化工，2002，31(6)：12-14.

[66] 朱永昆，李秀梅，索智录，等. 关于废盐回收的研究[J]. 内蒙古石油化工，2011(23)：5.

[67] 盐湖股份公司. 含钾废盐精制氯化钾工艺获奖[J]. 盐业与化工，2014(6)：7.

[68] 郑学明，尚会建，马建兵，等. 工业废盐生产磷酸二氢钠的工艺研究[C]. 中国化学会. 中国化学会第 26 届学术年会绿色化学分会会场论文集. 天津：2008：79.

[69] 吕传皎，等. 工业废盐应用于变换气制碱[J]. 化工设计通讯，2004，30(2)：15-18.

[70] 宋晓丽，杜竹之，吴化楠，等. 废盐泥在烟道气脱硫中的应用[C]. 中国化工学会. 中国化工学会第十五届纯碱学术年会论文集. 浙江：2012：28.

[71] 陈姚，姚立猛，等. 处理化工废盐渣的热解装置[P]. 中国专利：201410712497. X(申请号)，2015-03-25.

[72] 项贤富，李康，等. 一种工业废盐渣无害化处理方法[P]. 中国专利：2014104650. 6(申请号)，2015-02-11.

[73] 毛永生，李留德，等. 一种化工工业废盐精制装置及工艺[P]. 中国专利：201510077706. 2(申请号)，2015-06-03.

7

危险废物利用处置资源整合与能力建设

7.1　化工园区集团内自建处置设施共享

为充分利用化工园区企业自建处置设施余量，解决园区内其他企业危险废物处置问题，做到危险废物在园区内部减量化、资源化，可施行化工园区企业自建危险废物处置利用设施共享制度。

7.1.1　共享目标与条件

(1) 共享目标

为规范江苏省自建危险废物处置行业环境管理工作，提升自建危险废物处置能力和水平，缓解全省危险废物焚烧处置压力，确保危险废物安全处置、污染物稳定达标排放，结合集团内自建危险废物处置类别相对固定等特点，对有自建危险废物处置设施集团内共享需求的处置企业简化颁发危险废物经营许可证。

(2) 共享条件

- 企业危险废物利用其他企业自建设施前需经检测，进行可行性分析，遵循处置利用过程基本不增加新的污染排放和新增处理设施、整个处置利用过程污染可控。
- 自建设施处置利用的共享单位，必须具备如下条件：一是依法成立的、环保手续齐全(环评文件中有相关类别危险废物综合利用内容)的合法企业；二是自建设施符合相关的标准规范，且有一定余量；三是具有相应的污染防治设备，能稳定达标排放；四是接受危险废物种类、数量不能超出规定；五是单位厂址位于工业园区内。

本章节以试点化工园区内同一个集团下属的两家农药化工企业为例，介绍危险废物自建处置设施集团内共享开展情况。

7.1.2 共享企业环境管理要求

根据《危险废物焚烧污染控制标准》(GB 18484—2001)、《危险废物集中焚烧处置工程建设技术规范》(HJ/T176—2005)、《关于切实加强危险废物监管工作的意见》(苏环规〔2012〕2号文)等标准、规范,结合《江苏省生态环境保护制度综合改革方案》,自建危险废物处置设施环境管理要求主要分四个方面考虑:

(1) 危险废物焚烧工程总体要求

企业自建危险废物焚烧处置设施须依法进行环境影响评价,并通过审批和“三同时”验收。自建危险废物焚烧处置设施总设计能力不低于10 000吨/年,主体设施应包含预处理系统、焚烧系统、烟气净化系统、自动化控制系统、在线监测系统、报警系统、应急安全防爆系统、电气系统等。设计方面,企业的自建危险废物焚烧处置设施需采用对废物种类适应性强的回转窑焚烧炉进行焚烧。

(2) 自建危险废物焚烧处置设施系统配置要求

自建危险废物焚烧处置设施系统可以分为六个系统,分别为危险废物接收系统、贮存系统、预处理和进料系统、焚烧处置系统、二次污染控制系统和在线监测系统。各个系统的配置要求分别如下:

① 危险废物接收系统

危险废物接收系统应包括检查、取样、称量和卸载区。应对照焚烧处置系统允许接受废料的标准,制定危险废物预验收和接收程序。应按“一厂一档”方式建立危险废物特性数据库,具体检测分析数据保留5年以上。危险废物接收系统需配备对应的分析化验实验室,实验室至少应具备以下危险废物特性分析能力:闪点、热值、粘性、相容性、重点污染物质(重金属、硫、氯、氟等)、热灼减率、pH值等。如不具备危险废物特性分析能力的可以委外分析。

② 贮存系统

危险废物暂存设施容量至少应满足集团内所有企业1个月产生危险废物总量的需要,仓库需按实际情况设置废液储罐区。危险废物暂存库及废液储罐区必须包括场地防渗、废液收集、废气收集处理系统和消防、安全照明、报警监视系统,危险废物分类贮存。对剧毒及挥发性大的危险废物应设置独立贮存库。

③ 预处理和进料系统

自建危险废物焚烧处置设施应配备危险废物破碎和搅拌等预处理设施,按合理设计的配伍方案进行入炉废物搭配,保障焚烧炉稳定运行。配料系统产生的渗滤液应配备收集系统。焚烧处置设施的主要进料系统应全封闭并实现自动进料,连续进料装置应根据工艺情况配置可调节供应量的计量装置实现定量投料并配备称重系统。进料计量数据保留5年以上。

④ 焚烧处置系统

焚烧控制条件应满足《危险废物焚烧污染控制标准》(GB 18484—2001)要求。焚烧处置设备宜采取连续焚烧方式，需采用DCS或者PLC自动控制系统，应保证焚烧负荷在70%～120%的范围内波动时能稳定运行。焚烧处置系统宜考虑对其产生的热能以适当形式加以利用。进料含氯量大于5%时，不提倡余热利用。

⑤ 二次污染控制系统

- 废气污染控制系统。自建危险废物焚烧处置设施系统产生的废气需得到妥善处理，净化废气采用的废气净化技术必须包括急冷、除尘、脱酸、吸附二噁英和重金属等工序，并预留脱硝工序接口。废气净化过程中使用的中和剂应配有根据烟气在线监测系统反馈数据自动投料和计量、记录装置。排放出的废气重金属、二噁英排放浓度须达到《危险废物焚烧污染控制标准》。
- 废水污染控制系统。自建危险废物焚烧处置设施系统运转过程中，产生的废水也需得到处理。其中，运输车辆、转运工具、周转箱(桶)的清洗消毒废水、生产工艺废水、地面冲洗水等须进入厂区污水处理系统处理。另外，全厂应设有安全事故池，以容纳消防污水、事故工况下罐区的泄漏液。
- 残渣处理系统。自建危险废物焚烧处置设施系统产生的残渣也需要专门的处理系统进行处理。残渣处理系统包括炉渣处理系统、飞灰处理系统。在焚烧处置设施周边应设置专门的残渣贮存区，并对炉渣和飞灰的产生、贮存、处置数量进行详细记录。残渣必须交与有资质单位处置。

⑥ 在线监测系统

自建危险废物焚烧处置设施系统中，应对焚烧烟气中的烟尘、硫氧化物、氮氧化物、氯化氢等污染因子，以及氧、一氧化碳、二氧化碳、一燃室和二燃室温度等工艺指标实行在线监测，对焚烧系统相关设备的压力、温度、开关度、料位等工况参数实行在线监控，并按规定与环境保护行政主管部门联网。所有在线监测数据应自动记录，在厂区明显位置设置显示屏，将炉温、烟气停留时间、烟气出口温度、一氧化碳浓度等数据向社会公布。对贮存库房、物料传输过程以及焚烧线的重要环节，应设置现场工业电视监视系统，数据保留1年。

(3) 运行管理要求

自建危险废物焚烧处置设施的企业应配备2名以上环境工程或相关专业本科

以上学历(或中级以上职称),并具备相关岗位1年以上工作经验,且3年内无重大违法经营行为的技术人员。自建危险废物焚烧处置设施企业应按照国家的法律、法规,结合危险废物规范化管理要求,分岗位建立完善的内部管理制度,建立健全档案、台账,在"江苏省危险废物动态管理信息系统"中填报危险废物接收、贮存、处置及焚烧灰渣产生情况。制定自建危险废物焚烧处置设施意外突发事故预防措施,配备相应应急装备、设施,定期开展应急演练。另外,危险废物焚烧处置设施的污染物排放、采样、环境监测和分析的项目和频次应遵照并符合国家有关标准的规定,自行监测结果应定期向社会公开。

(4) 企业工作管理要求

在工作期间,处置单位只可接收本省集团内有共享需求的危险废物,不可跨省接收危险废物。不可超范围、超量经营,对接收的危险废物原则上须在一年内完成处置,超期贮存的需备案。危险废物接收、运输、贮存、处置按照《固体废物污染防治法》《危险废物焚烧污染控制标准》《危险废物贮存污染控制标准》和省厅苏环规〔2014〕6号文等规定开展。集团内产废单位仅能将适合集团内共享的危险废物交由处置单位处置。

此外,参与自建处置设施集团内共享的企业,危险废物产生单位和自建设施单位仍应按照危险废物相关制度管理,执行网上申报、电子转移联单制度。危险废物转运必须委托危险废物专业运输单位。危险废物产生单位和危险废物自建设施单位内的危险废物贮存必须满足危险废物贮存标准。自建设施单位严格按照共享许可接受产废单位危险废物,应当实现污染物的达标排放,并妥善处置次生危险废物。化工园区管委会则应加强对危险废物自建设施单位的日常监督管理工作,查看经营台账及自建设施运行情况。

7.1.3 共享企业处置设施要求

7.1.3.1 共享企业基本情况

试点化工园区内某两个农药化工企业A和企业B,同为园区内某集团下属分公司,两个分公司之间相互独立管理运行。其中企业A建设有回转窑焚烧炉,采用回转窑加热解炉工艺,设计焚烧处置能力为6 480吨/年(固废1 800吨,废液4 680吨),以处置精馏残渣、废有机溶剂、废活性炭等危险废物为主,根据2015、2016年危险废物产生处置情况,该企业危险废物焚烧余量充足。企业B采用立式鳞片炉工艺,设计焚烧处置能力约4 000吨/年(固废960吨,废液3 040吨),主要以废有机溶剂、精馏残渣等危险废物为主。据调查核实,企业B整体运行不稳定,部分固废尚需委外处置,考虑到企业A与企业B之间危险废物种类相似,可以将企业B产生的蒸馏残渣和废包装袋等送至企业A进行焚烧，实现危险废物自建处置设施集团内共享，提升危险废物处置能力。企业A作为危险废物处置方，其基本情况如下：

(1) 企业A环评手续齐全、通过“三同时”验收，处置工艺为回转窑，设施设备经多次升级改造，现有处置能力富余，近3年内无举报、违法行为及环境污染事件，且得到地方环保部门支持。按照国家的法律、法规及危险废物规范化管理要求，分岗位建立了完善的内部管理制度，建立了危险废物规范化档案管理资料及危险废物产生、贮存、处置台账，按日在“江苏省危险废物动态管理信息系统”中填报危险废物接收、贮存、处置及焚烧灰渣产生情况。同时，配有2名以上环境工程专业本科学历技术人员，具备相关岗位5年以上，3年内无重大违法经营行为。公司定期开展环保、安全及设备操作培训，制订了培训计划。

(2) 企业A按照焚烧处置系统允许接受废料的标准，制定危险废物管理程序，未建立危险废物特性数据库。企业A实验室具备常规的环保检测能力，如COD、SS、TP、BOD_5、pH、TDS、氨氮、溶解氧、苯胺类等。不具备危险废物特性分析能力，如闪点、热值、粘性、相容性、重点污染物质(重金属、硫、氯、氟等)、热灼减率，但可以委外分析。

(3) 企业A危险废物焚烧处置设施的主体设施包含预处理系统、焚烧系统、烟气净化系统、在线监测系统、报警系统、应急安全防爆系统、电气系统。

① 危险废物接收系统包括检查、称量和卸载区，无取样环节。需要焚烧的废物，经企业A称量后送至焚烧场所卸载区，焚烧系统操作和管理人员打开包装物进行检查，防止易拉罐等不符合条件的废物进入；蒸馏残渣等危险废物经称量后，开好危险废物交接单，送往焚烧炉。

② 企业A危险废物暂存设施包括场地防渗、废液收集、废气收集处理系统和消防、安全照明、报警监视系统，危险废物分类贮存。但对剧毒及挥发性大的危险废物未设置独立贮存库；未设置废液储罐区，但有废液桶装贮存区。危险废物贮存场所、物料传输过程以及焚烧炉现场设置有现场工业电视监视系统。

③ 企业A危险废物预处理措施为手动破碎和搅拌，焚烧量进行现场台账记录，无定量投料和称重系统。进料系统半封闭，人工进料。

④ 企业A焚烧系统包括回转窑、废液炉，废气炉。回转窑出口烟气温度设计达到1 100℃，停留时间大于等于2秒。

⑤ 企业A废气经“中和喷淋＋干法吸收＋布袋除尘器”净化处理后即可达标排放，达标后的烟气通过35m高的烟囱排入大气，并预留脱硝工序接口，废气排放须达到《危险废物焚烧污染控制标准》。

⑥ 企业 A 对焚烧烟气中的烟尘、硫氧化物、氮氧化物、氯化氢等污染因子，以及氧、一氧化碳、二氧化碳、一燃室和二燃室温度等工艺指标实行在线监测，对焚烧系统相关设备的压力、温度、开关度、料位等工况参数实行在线监控，并按规定与环境保护行政主管部门联网。在线监测数在厂区明显位置未设置炉温、烟气停留时间、烟气出口温度、一氧化碳浓度等数据显示屏。

⑦ 企业 A 运输车辆、转运工具、周转箱（桶）的清洗消毒废水、生产工艺废水、地面冲洗水等进入厂区污水处理系统处理。全厂设有 4 850 m^3 应急池，其中北厂 3 500 m^3，南厂 1 350 m^3，能满足消防污水、事故工况下罐区的泄漏液的收集。废水经"铁碳还原＋隔油池＋中和调节池＋气浮设备池＋缺氧反硝化池＋好氧 CBR1 池＋好氧活性污泥池＋好氧 CBR2 池＋二沉池＋混凝池＋气浮池"工艺处理后，达标排往集中污水处理厂。设有专门的残渣贮存区，并对炉渣和飞灰的产生、贮存、处置数量进行了记录，残渣、飞灰交与有资质单位处置。

⑧ 企业 A 焚烧炉的污染物排放、采样、环境监测和分析的项目和频次遵照并符合国家有关标准的规定，并制订了详细的环境监测计划。

7.1.3.2 危险废物焚烧工程处置能力要求

危险废物焚烧工程需通过环评手续与"三同时"验收，并出具相应的《建设项目竣工环境保护验收监测报告》。自建危险废物焚烧工程需采用对废物种类适应性强的回转窑焚烧炉进行焚烧，回转窑需按照相关标准进行设计。本章节中以试点化工园区开展自建处置设施集团内共享试点的某集团为例，阐述自建处置设施中回转窑焚烧炉的各项设计情况。

目前该试点集团北厂区有一套 FSL-HWO-65BC 型焚烧炉（含废液炉与回转窑炉），焚烧能力为：废液 650 kg/h，固体 250 kg/h，废气 300 kg/h，服务范围为整个公司生产过程中产生的需要焚烧的"三废"，不对外服务。依据企业 A《固废处理工程改造方案》，2010 年提出将原固定炉床焚烧炉改为回转窑焚烧炉，设计情况如下。

(1) 设计依据

① 参考《大气污染物综合排放标准》GB 16297—1996；

② 国家环保局、国家质量监督检验检疫总局 GB 18597—2001，《危险废物贮存污染控制标准》2002-07-01 实施。

(2) 设计处理对象

处理固体废弃物，含包装袋、生产产生的工艺废渣、水处理产生工艺污泥等。

(3) 相关污染物排放指标

参考《大气污染物综合排放标准》GB 16297—1996。

表 7.1-1 污染物控制指标及限值

序号	项目	单位	限值	备注
1	烟尘	mg/m^3	≤100	
2	烟气	林格曼	一级	
3	一氧化碳	mg/m^3	≤100	
4	氯化物	mg/m^3	≤100	
5	二氧化硫	mg/m^3	≤400	
6	氮氧化物	mg/m^3	≤500	
7	噪声	db	≤85	焚烧区周围 1 米处

(4) 运行指标

① 设计处理量:300 kg/h,1 800 t/a;

② 设计热值:3 500 kcal/kg;

③ 投料方式:机械式密闭自动进料;

④ 出灰方式:自动出灰;

⑤ 采用燃料:0#柴油点炉,焦油助燃;

⑥ 点火方式:自动;

⑦ 处理方式:高温焚烧+二次燃烧+废液尾气处理合并(四筒旋风除尘+余热锅炉+尾气处理+尾气排放);

⑧ 燃烧温度:回转窑中心温度 600~1 100℃,二燃室中心温度 1 100℃;

⑨ 停留时间:物料在回转窑内停留时间≥0.5 h,烟气停留时间≥2 s。

(5) 焚烧系统设备组成

① 进料系统

自建危险废物焚烧处置设施主要处理的固体废弃物有包装袋、生产产生的工艺废渣、水处理产生工艺污泥等。根据废弃物的来源,工艺上在焚烧系统的进料方式上需做如下设计:

加热后具有很好的流动性的工艺废渣,采用液体进料,通过加热保温后由加压泵输送至雾化器,采用双流体雾化器,在蒸汽的作用下喷入炉膛,废料的进料稳定性较好,进料量和焚烧炉炉温连锁,保证在设计的工艺参数下稳定焚烧;

其他废渣采用液压推杆一次性进料,考虑废弃物的特性,在料仓前的输送采用两种方式,工艺污泥采用螺旋输送器上料送至料仓,包装袋和不能作为液体进料的固体工艺废渣采用翻斗上料送至料仓。同时考虑进料的安全性,料仓上设有密封门,料仓与焚烧炉之间设有密封门,通过两道密封门的配合,保证在进料过程中均在密闭环境下进行。

同时考虑到废料的特性，对液压推杆每次的进料量进行分别控制，对热值低的进料频率较低，一次性进料量相对较多；对热值高的进料频率较高，一次性进料量相对较少；对有机物的废弃物采取严格控制，进料频率较低，且一次性进料量较少。

② 出灰系统

根据废弃物焚烧后的残渣特点，由于焚烧温度较高，残渣首先掉入水封槽进行冷却，然后通过泥浆泵输送至污泥压榨机，脱水处理后进行安全填埋。

③ 焚烧系统

回转窑焚烧炉主要由固定窑头、回转窑体、驱动系统、支撑系统、润滑冷却系统和密封系统组成。固定窑头主要设置进料口和补氧口，回转窑体通过电机带动，废弃物进入焚烧炉后发生干燥、热解、燃烧、燃尽，回转窑体的匀速旋转有利于促进烟气和各种废弃物的混合及接触，增加其燃烧效率和灰渣的燃尽率，同时进料速度和回转速度均可调整，可根据焚烧状况进行方便的调控，在保证焚烧工艺参数的前提下，可控制废弃物在焚烧炉内的停留时间，从而保证焚烧效率。

为保证回转的稳定性，本系统采用齿轮方式传动，且驱动电机采用变频控制，实现焚烧的可控性。

为保证焚烧的密闭性，本系统的密封装置采用迷宫密封和不锈钢铜条密封结合的方式，保证系统的泄露量$<1\%$。焚烧尾气需处理，达标排放。在二燃室中，对回转窑焚烧产生的废气再次进行焚烧处理，设计烟气停留时间$\geqslant 2$秒，温度$\geqslant$ 1 100℃，保证焚烧效率及稳定达标。

④ 助燃系统

燃烧器由空/燃混合喷出装置、扩散盘(稳焰器)、火焰检测、点火装置和火焰管组成。配置完备可靠，具有自动吹扫、自动点火、火焰检测等功能。可实现温度自动控制、高温报警和急停保护、风量自动调节等功能。补氧风机为离心式高压风机，由外壳、轴心、叶轮、轴承、马达、皮带等部件组成，提供焚烧需要的氧气，同时在进气方式上按照涡流原理设计，保证焚烧的高效及充分性。

⑤ 与废液尾气合并处理(四筒旋风除尘＋余热锅炉＋尾气处理＋尾气排放)

项目采用余热锅炉回收蒸气，为保证余热锅炉的换热效率，在余热锅炉前设置高温集尘器，对烟气中的颗粒粉尘进行有效收集。

烟气降温后主要对尾气进行净化处理，主要从酸性成分的去除和粉尘颗粒的收集进行设备选型。

7.1.3.3 危险废物焚烧处置设施系统配置要求

危险废物的焚烧控制条件应满足《危险废物焚烧污染控制标准》(GB 18484—

2001)要求。标准要求通常为:焚烧炉温度≥1 100℃,烟气停留时间≥2.0 s,燃烧效率≥99.9%,焚毁去除率≥99.99%,焚烧残渣的热灼减率<5%。

危险废物的焚烧系统主要包括回转窑、废液炉,废气炉等设备。正常运行条件下,焚烧炉内应处于负压燃烧状态,产生的高温烟气进入余热锅炉回收利用余热产生蒸汽进行综合利用。回收余热后的烟气可以进入急冷式中和喷淋塔,完成酸性物质的中和、除尘过程,同时,高温烟气可以急冷至200℃以下,经中和喷淋后的气体在干式吸收装置中由消石灰粉和活性炭进一步除去SO_2、HCl、二噁英等有毒有害气体,再由布袋除尘器除去细微粉尘。烟气经"中和喷淋+干法吸收+布袋除尘器"净化处理后即可达标排放,达标后的烟气通过适当高度的烟囱排入大气,并预留脱硝工序接口。废气排放须达到《危险废物焚烧污染控制标准》。

危险废物运输车辆、转运工具、周转箱(桶)的清洗消毒废水、生产工艺废水、地面冲洗水等也须进入厂区污水处理系统处理,且集中贮存场所的厂区内需设有应急池,应能满足消防污水、事故工况下罐区的泄漏液的收集。

总体上讲,危险废物焚烧处置设施系统配置要求主要分三方面:

(1) 危险废物接收系统

需要焚烧的废物送至焚烧场所后,焚烧系统操作和管理人员打开包装物进行检查,防止易拉罐等不符合条件的废物进入;蒸馏残渣等危险废物称量好,开好危险废物交接单,送往焚烧炉。厂区内应当配置详细的危险废物管理程序。厂区内检测危险废物的实验室需具备常规的环保检测能力,配备常规仪器如分光光度计、电导率仪、酸度计、烘箱、显微镜、生化培养箱等,能够测量COD、SS、TP、BOD_5、pH、TDS、氨氮、溶解氧、苯胺类等指标。危险废物特性如闪点、热值、粘性、相容性、重点污染物质(重金属、硫、氯、氟等)、热灼减率,可以委外分析。

(2) 危险废物贮存系统

危险废物暂存设施应当配备相应的场地防渗、废液收集、废气收集处理系统和消防、安全照明、报警监视系统,暂存设施内所有危险废物都应该分类贮存。剧毒及挥发性大的危险废物应该设置独立贮存库;废液也应该单独设置废液储罐区,或设置废液桶装贮存区。

(3) 废物预处理及进料系统

自建危险废物焚烧处置系统中,危险废物的预处理措施为手动破碎和搅拌,如包装桶破碎,破碎后进入配料池,掺入木屑,进行配伍,搅拌至不让液体流出的状态,利用小包装袋或塑料桶装入配料车,运入焚烧现场,人工将废物投入进料轨道,在焚烧炉达到焚烧温度后,用送料器送入回转窑进料口进行焚烧。焚烧量需进行现场台账记录,现场应配置定量投料和称重系统。危险废物贮存场所、物料传输过程以及焚烧炉现场也需设置有现场工业电视监视系统。

7.1.4 危险废物自建处置设施共享工作程序

(1) 危险废物自建设施单位提出申请。符合条件的危险废物自建设施单位向省辖市环保局提交书面申请,同时抄报属地县级环保局,并提供申请表上要求的相关申请材料。

(2) 危险废物自建设施评估工作。省辖市环保局会同县级环保局对符合申请条件的单位,组织相关专家开展现场核查,评估接受其他单位危险废物的可行性和环境风险性,危险废物处置利用种类、数量的可行性和环境风险。

(3) 自建设施处置利用共享许可。根据评估结论,达到自建设施共享标准单位,进一步界定其可接受的危险废物种类、数量,省辖市和属地县级环保局可颁发共享许可证。产废单位需到县级环保部门进行备案,严格按照共享许可种类和数量进行危险废物处置利用。属地县级环保局将危险废物自建设施及产废单位进行公示,自建设施单位应在江苏省危险废物动态管理系统上进行注册,按照正式持证单位要求对经营情况进行网上报告。

(4) 后期监管。危险废物自建设施单位需定期开展环境监测,确保污染物达标排放,对其共享设施要定期维护,确保其正常运行。当自建设施发生工艺变更,要重新进行申请评估,产废单位也要重新备案,方能进行处置利用。

7.2 化工园区危险废物集中收集贮存管理

7.2.1 管理目标和原则

目前,江苏省化工园区各类中小型企事业单位众多,其产生的危险废物量小、种类多且分散,普遍存在单个企业无规范贮存场所、处置成本高、落实去向难,有的企业因缺乏专职人员、专业知识而造成危险废物贮存不规范等问题,存在环境风险隐患。通过危险废物集中收集贮存转移和向产废单位延伸危险废物规范化管理服务,督促园区内中小企事业单位落实危险废物污染防治的主体责任,可以帮助解决中小企事业单位危险废物管理不规范、转移不及时、处置费用高等问题,充分发挥园区管委会综合管理服务功能,对园区量小、分散、短时间难以处置的危险废物进行集中收集,分类贮存,统一管理,减轻环境监管压力,减少环境风险。按照“最小存放量、最短存放时间,最安全的贮存及运输”的原则,降低危险废物的环境风险和运行成本,逐步实现园区内各类危险废物从产生、暂存、转移到处置整个过程“就地分类收集、安全及时转移和实时全程监控”的规范化监管目标,提升园区危险废物规范、高效的监管水平，防范和化解园区环境风险，确保环境安全。

制定危险废物集中收集贮存管理方案时，应当遵守以下原则：

(1) 突出重点。园区及集中收集贮存的单位应根据园区企业情况和产业特点，在摸清园区废物产生情况的基础上，明确园区内重点收集的企业范围和危险废物种类。

(2) 全程监管。试点单位应通过设立独立台账、视频监控等多种方式，建立危险废物收集、贮存、转移的全过程内部监管体系，做到来源可追溯、贮存可查看、去向可跟踪。

(3) 高效服务。集中收集贮存的单位应根据产废单位的产废规律，制定月度、季度收集、贮存和转移计划，加快对收集的危险废物进行委外利用处置，高效、及时履行合同义务。深入产废单位各个环节，帮助建章立制，培训专业知识，建立完善台账，设置规范贮存设施、包装容器等。

(4) 属地管理。集中收集贮存的单位工商注册地应在园区内，服务范围限于园区内企事业单位，日常环境监管由园区管委会和属地环保部门负责。

7.2.2 危险废物集中收集贮存场所选择要求

危险废物集中贮存中心具有较高的社会敏感性，必须在环境、社会、经济上充分可行，符合有关要求。应综合考虑贮存设施的服务半径、防护距离、运输距离、交通、土地利用状况、工程地质、水文地质、气象条件、基础设施状况、公众意见等因素，在综合比选基础上合理确定项目选址。

危险废物集中贮存场址选择应遵照相关标准要求选址，并遵循以下原则：

(1) 场址选择应符合城市总体发展规划和环境保护专业规划，符合当地的大气污染防治、水资源保护和自然生态保护要求。

(2) 场地应有较好的自然条件，包括地形、土壤、水文、气候、交通等；应处于一个相对稳定的区域，不会因自然或人为因素遭受破坏；地质结构稳定，地震烈度不超过7度；应避免建在溶洞区或易遭受严重自然灾害如洪水、滑坡、泥石流、潮汐等影响的地区。

(3) 不允许建设在《地表水环境质量标准》(GB 3838—2002)中规定的地表水环境质量Ⅰ类、Ⅱ类功能区和《环境空气质量标准》(GB 3095—2008)中规定的环境空气质量一类功能区，即自然保护区、风景名胜区、文物保护区、生活饮用水源保护区，人口密集的居住区、商业区、文化区和其他需要特殊保护的地区。

(4) 参照《危险废物贮存污染控制标准》(GB 18597—2001)(2013年修订版)，应依据环境影响评价结论确定危险废物集中贮存设施的位置及其与周围人群的距离，并经具有审批权的环境保护行政主管部门批准，并可作为规划控制的依据。

(5) 应具备满足工程建设要求的工程地质条件和水文地质条件；应具备抵御100年一遇洪水的防洪、排涝措施；现场或其附近有充足的粘土资源以满足构筑防渗层的需要；地下水位应在不透水层3米以下，如果小于3米，必须提高防渗设计标准；天然地层岩性相对均匀、面积广、厚度大、渗透率低、地质构造相对简单，处于断裂及裂隙不发育地区。

(6) 服务半径合理，通往全市各地交通便利，有方便的交通运输条件，与后续处理工艺运输方便快捷。

(7) 应位于居民中心区常年最大风频的下风向；位于城镇水体的下游，位于城镇主导风向的下风侧。

(8) 应建在易燃、易爆等危险品仓库、高压输电线路防护区域以外。

(9) 应有可靠的电力供应；应有可靠的供水水源和污水处理及排放系统。

(10) 周边相容性较好，土地易征得，便于远期规划和废物的资源化利用。考虑远期发展的可能性，有扩建的可能。

危险废物集中贮存场所用地面积及工业用地，建设时需考虑厂房、辅助用房与储存场所面积，绿化面积占比在30%以上。

设计时集中贮存厂房为主体布置，其他各项设施应按照危险废物贮存流程合理安排。在危险废物物流的出入口以及接收、贮存和转运场所等主要设施应与贮存中心的办公和生活服务设施边界进行隔离建设。称量危险废物的地磅房应设在厂区出入口处，与厂界的距离应大于一辆最长车的长度且宜为直通式，并应具备良好的通视条件，洗车设施同样应该位于厂出口附近。

在进行集中贮存场所的平面布置时，根据厂址所在地的地形、气候及生产工艺要求，参照《建筑设计防火规范》(GB 50016—2014)、《石油化工企业设计防火规范》(GB 50160—2008)设计要求，并根据拟建工程工艺流程和建设场地地形、地貌、对外交通情况进行总平面布置。集中贮存场所的主要建筑物包括：

① 危险废物收运系统：包括对需处置的危险废物的分类收集采用的专用容器和专用运输设备及收运路线等；

② 分析化验设施：包括危险废物定性、定量分析化验仪器、设备等；

③ 接收贮存系统：包括接收、贮存仓库及废气收集、污水处理等设施；

④ 公用设施、辅助设施：包括地磅房、洗车间、机修车间、车棚等；

⑤ 生活管理设施：包括综合楼、门卫等设施。

在对厂区内道路进行设计时，应根据工厂规模、运输要求、管线布置要求等合理确定，厂区道路的设置应满足交通运输、消防及各种管线的铺设要求。道路的荷载等级应根据交通情况确定。厂区的道路需能到达主要构筑物和建筑物，主要道路的行车路面宽度不宜小于 6 m，车行道宜设环形道路。厂房外应设消防道路，道路的宽度不应小于 3.5 m，人行道一般取 1.5～2.0 m。路面宜采用水泥混凝土或沥青混凝土，道路的荷载等级应符合国家《厂矿道路设计规范》(GB J22—1987)中的有关规定。临时停车场可设在厂区物流出口或入口附近。

结合以上集中收集贮存场所选择要求，试点化工园区的集中收集贮存场所选择建于园区内某块预留用地内，贮存库项目用地南北长约 60 m，东西宽约 40 m，占地约 2 500 m^2。场地地处苏北里下河古泻湖相沉积平原，第四纪以来地壳运动以沉积为主，第四纪地层分布广、厚度大，形成广阔的平原地貌。拟建区原为空场地，地势高低起伏较小。拟建场地大地构造位置属于新华夏系第二隆起带与淮阳山字型东翼反射弧及秦岭东西向复杂构造带的复合地带，地质构造复杂。场地附近无大的断裂，晚近期未发现断裂活动迹象，场地区域稳定性较好。

7.2.3 危险废物集中收集贮存场所设计方案

废物之所以被列为危险废物，是因为它们所具有的某些特殊性。按照联合国环境规划署《控制危险废物越境转移及其处置巴塞尔公约》列出的危险废物“危险特性的清单”，危险废物特性包括：爆炸性、毒性（包括慢性毒性和生物毒性等）、腐蚀性、传染性、化学反应性（包括易燃性、氧化性等）。所有这些特性都对危险废物的收运系统提出了特殊要求。

(1) 收集运输系统方案设计

危险废物经过样品分析，确认为集中贮存中心允许收集的废物后，再派出车辆收运。装车前，还需经放射性检验（每辆收运车辆均配置放射线表面粘污仪等快速检验设备）和其他必要检验核查程序，方可以装车运输。危险废物收集运输程序见图 7.2-1。

经营危险废物处理处置单位及其收运人员须遵守以下原则：

① 执行《中华人民共和国固体废物污染环境防治法》等法规和环保标准，收运人员需接受专业培训，考核合格，持证上岗。

② 明确可接受和不可接受危险废物的内容范围，对可接受危险废物应按物化特性分类，严禁混合收集性质不相容而未经安全处置的废物。

③ 危险废物转移时需办理有关手续，其包装容器必须贴有标签，注明危险废物的名称、质量、成分、特性，运输危险废物车辆有危险废物式样标志。

④ 危险废物收运过程应具有防止散扬、流失、渗漏等污染环境的措施，避免运输过程中的污染，减少可能造成的环境风险。

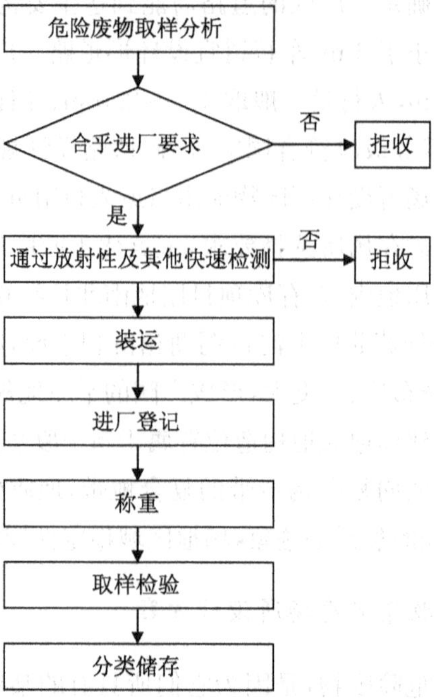

图 7.2-1　危险废物收集运输程序框图

危险废物种类多，成分复杂，有不同的危险特性，在转移过程中需要包装，因此需要根据其特性、成分、形态、产量、运输方式及处理方式等的不同，选用不同容器，进行分类收集、包装。对具有感染性、腐蚀性、易燃性、急性毒性的废物，其承载容器及标识均有特殊要求。要求清楚标明容器内盛物的名称、类别、性质、数量及装入日期，包装容器要求牢固、安全，符合《汽车运输危险货物规则》(JT617—2004)要求。

由于危险废物分布范围较大，种类较多，成分复杂，需按照危险废物包装要求，根据其成分、产量、运输方式及处理(置)方法，设置不同的收集容器，进行分类包装、收集。由于危险废物所具有的腐蚀性、易燃性等特殊性质，承载危险废物的容器和标识均有特殊要求。所有装载废物待转运的容器或贮罐均应清楚标明内盛物的类别与危害说明，以及数量和装入日期，标签格式如图 7.2-2 所示。危险废物的包装应足够牢固、安全，并经过严密检查，能够完全适应在不良路况运输过程中的颠簸、震动等工况。

盛装危险废物的容器材料应与废物相容，表 7.2-1 给出了不同废物与一般容器的化学相容性，从中可以看出，很难用一种材料的容器盛装所有的废物。

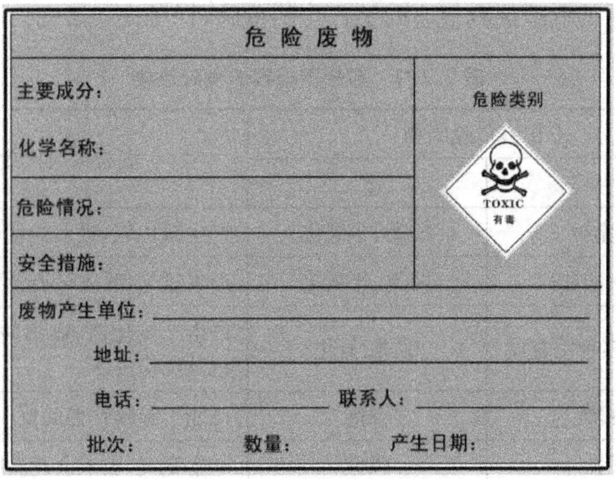

图 7.2-2　包装容器标签格式

表 7.2-1　不同危险废物种类与一般容器的化学相容性

废物种类	容器或内衬垫的材料							
	塑料				钢			
	高密度聚乙烯	聚丙烯	聚氯乙烯	聚四氟乙烯	碳钢	不锈钢 304	不锈钢 316	不锈钢 440
酸(非氧化)如硼酸、盐酸	R	R	A	R	N	*	*	*
酸(氧化)如硝酸	R	N	N	R	N	R	R	*
碱	R	R	A	R	N	R	*	R
铬或非铬氧化剂	R	A*	A*	R	N	A	A	*
废氰化物	R	R	R	A*-N	N	N	N	N
卤化或非卤化溶剂	*	N	N	*	A*	A	A	A
金属盐酸液	R	A*	A*	R	A*	A*	A*	A*
金属淤泥	R	R	R	R	R	*	R	*
混合有机化合物	R	N	N	A	R	R	R	R
油腻废物	R	N	N	R	A*	R	R	R
有机淤泥	R	N	N	R	R	*	R	*
废油漆(源于溶剂)	R	N	N	R	R	R	R	R
酚及其衍生物	R	A*	A*	R	N	A*	A*	A*
聚合前驱物及产生的废物	R	N	N	*	R	*	*	*
皮革废料(铬鞣溶剂)	R	R	R	R	N	*	R	*
废催化剂	R	*	*	A*	A*	A*	A*	A*

注：A:可接受;N:不建议使用;R:建议使用。
*:因变异性质,请参阅个别化学品的安全资料。

部分不相容的危险废物混合时会产生的危险，详见表 7.2-2。

表 7.2-2 部分不相容的危险废物

序号	不相容危险废物		混合时会产生的危险
	甲	乙	
1	氰化物	酸类、非氧化	产生氰化氢，吸入少量可能会致命
2	次氯酸盐	酸类、非氧化	产生氯气，吸入可能会致命
3	铜、铬及多种重金属	酸类、氧化	产生二氧化氮、亚硝酸烟，引致刺激眼目及烧伤皮肤
4	强酸	强酸	可能引起爆炸性的反应及产生热能
5	铵盐	强碱	产生氨气，吸入会刺激眼目及呼吸道
6	氧化剂	还原剂	可能引起强烈爆炸性的反应及产生热能

因此，贮罐的外形与尺寸大小根据实际需要配置，要求坚固结实，并便于检查渗漏或溢出等事故的发生，贮罐适用于散装液态危险废物的输送。特殊反应性和毒性物质、氧化物、有机过氧化物等危险废物的盛装容器参照相关特殊商品包装标准和法规。

包装装置方面，执行《危险货物运输包装通用技术条件》(GB 12463—2009)，《危险货物包装标志》(GB 190—2009)。在标准中列有诸多的包装方式。根据收运的危险废物种类、状态和特性，可以采用如下几种方式包装：

① 液态类

(A) 油罐车：装废油、废乳化液类。

(B) 1A1 型 20 L 小旋塞塑料桶：装废油、废乳化液。

(C) 1A1 型 200 L 带塞圆钢桶：装废油、废乳化液、废有机溶剂类。

② 半固态类

(A) 1H35A4 型 50 L 中开口带盖塑料桶：装废油渣类。

(B) 1A35M3 型 200 L 型卡箍圆钢桶：装溶剂渣、表面处理废液类废物、有机树脂废渣。

对特殊的废物如高毒废物、难装卸废物等采用专用容器收集，其他易于装卸、无特殊要求的危险废物则由产生单位自备标准容器。各种塑料桶、钢桶、储罐、储槽、纸箱为周转使用，由接收方准备。塑料袋、编织袋为一次性使用，由危险废物产生单位自备。另外，为便于危险废物收集和运输管理，在危险废物产生单位应修建贮存容器和暂存间，储量应地而宜，可做成 1 t/2 t/4 t/10 t 等规模(适合车装模数),小批量危险废物按 50 kg/100 kg/200 kg/500 kg 规模(适合桶装模数)。

危险废物的收集运输系统中,运输是一个极为重要的环节,集中贮存单位需根据危险废物产生单位的处置量及地区分布、各地区交通路线及路况,执行《汽车运输危险货物规则》(JT617—2004)制定出合适的危险废物往返收集网络路线,并根据危险废物性质、收集、处理处置方式,选用不同的带明显标志的专用运输车辆,对各种废物分区、定期收运。对产量大的单位,采取每天或数天收运一次;对产生量少、危害小的废物采取每月或数月收运一次,根据运距及收运频率配套不同的运输车辆,并由危险废物集中贮存中心配备的专用车辆,按拟定路线前往危险废物产出地点,将废物运往集中收集贮存库。承载危险废物的车辆需配备明显的标志或适当的危险符号;在公路上行驶时需持有运输许可证,司乘人员应经过专门培训,掌握紧急情况处置方法;收运过程严格执行危险废物转移联单管理办法,废物包装至少应注明废物来源、性质和运往地点,并由专门人员押运;危险废物的运输计划和行驶路线应事先作出周密安排,并提供备用运输线路,同时准备有效的废物泄漏情况下的应急措施。所有车辆均设置全球卫星定位(GPS)和事故报警装置。

严格按危险废物收集、贮存、转运等规定执行。运输车辆上配备必要的急救药箱、洗眼器、灭火器,液体废物运输车,还应配备自吸泵等应急装备。押运人员应配备防护服、胶靴、长胶手套、眼罩等,运输特殊废物的车辆还应配备防毒面具。运输过程中一旦发生事故,及时封闭现场,同时上报主管部门和相关单位—环保、公安、消防、交通等部门,针对不同情况实施处理方案,尽快妥善处理,尽可能使影响降低到最低限度。

危险废物运输线路确定的原则是安全第一,同时兼顾科学性、经济性,具体组织中,还要考虑如下几点:

① 每个作业日的运输量尽可能均衡;

② 同一条线路上的收运安排尽可能紧凑,能合并运输的相容性废物尽可能合并,节省运力;

③ 收运时间尽量错开上下班交通高峰期,避开拥堵;

④ 所有运输线路尽可能不用乡村公路、城内闹市商业街,优先选择国道、高速公路,力求线路简短;

⑤ 运输路线尽量避开引用水源保护区域以及其他特殊敏感区。

根据以上原则和园区内交通图,初步拟定危险废物的运输,在园区内需满足以下要求:

① 所有危险废物的运输均采用危险品运输车辆进行;

② 所有危险废物运输车辆安装 GPS 信号;

③ 所有危险废物运输车辆在园区内运输时需在园区运管处办理通行证。

在收集运输过程中，应制定紧急应变措施，防止和避免在危险废物收集、运输过程中发生意外事故，需具有应变能力，减少人员伤亡和环境污染。提前查找运输车辆潜在的不安全因素，制定预防措施。运输过程中发生意外事故应立即报告集中收集贮存中心。按指示要求处理好事故，通报当地公安、环保部门，配合现场处理，防止扩大污染，将事故报告呈送主管部门。运输车辆应配备如下紧急应变设施：

① 消防设施：灭火器，置于车辆明显处，定期维护。

② 急救用品：备有急救药箱，纱布、绷带、胶布、消炎软胶、药片。

③ 防护设施：备有工作服、防护服、胶靴、安全帽。

④ 洗涤用品：备有酸碱性油污洗涤液、肥皂。

⑤ 通讯联络：配备 GPS 卫星车辆定位系统、移动电话、对讲机。

⑥ 检验设施：配备放射性废物检测仪。

⑦ 维护检修：配备车辆检修及照明工具。

(2) 分析化验系统设计

为实现入场贮存及处理、处置废物的分析化验、场区环境安全监测及各处理工艺的试验研究，需设置化验室。分析化验是危险废物贮存项目的重要组成部分，除了日常的检测和监测任务外，更主要是针对不确定废物，测定成分和性能，确定合理的贮存区，便于研究处理工艺；针对新情况，研究新处理工艺技术；针对突发事件，分析原因，寻找对策。分析化验室主要的工作任务有：

① 对入场废弃物成分进行化验分析及分类，验证"废物转移联单"；

② 负责对各处理车间的物料、产物等进行取样和成分检测分析；

③ 检测分析各废物处理单元排放、监测控制点的污染指标；

④ 对场区地下水、地表水、大气和土壤等环境指标进行取样和检测；

⑤ 配合工艺实验室进行必要的检测分析，如稳定化/固化工艺等；

⑥ 负责对外进行分析、质检、环保监察等事务交涉。

为完成上述生产研究任务，实验室应该具备下列检测能力：

① 危险废物鉴别标准规定的腐蚀性和浸出毒性的快速鉴别能力(包括 Cr、Zn、Hg、Cu、Pb、Ni、Cd、As 等重金属及有机成分等)；

② 危险废物的物化性质分析和生物毒性分析，如热值(高位热值和低位热值)、工业分析(水份、灰分、挥发分、可燃成分)、固定碳、容重(密度)、液体废弃物的粘度、水分、开口闪点等；能够进行废物与废物间，废物与防渗材料、容器材料间的相容性分析；

③ 地下水的元素分析、pH 检测等；

④ 水质检验、水处理剂配比确定及其他工艺参数的确定。

化验室在选址时要充分考虑环境因素的影响，周围环境的粉尘、噪声、振动、电磁辐射等均不能影响检验的准确性。建议化验室尽量避开废物处置区，靠近综合办公区，建筑面积约 100 m^2。试验、化验室分别设有加热室、天平室、仪器室和化学分析室等功能间，各个功能间应该相互隔开，化学分析室设有通风柜，使有害气体能够迅速排出；天平室、仪器分析室等功能间设置空调和换气系统。试验、化验室应单独设计下水系统，排水应单独收集处理，废药品、废试剂应分类收集贮存，进入物化系统处理，不能与生活废水排水系统混合。化验室水、电、气、通风设计需要满足一定要求：

① 水：化验室须接入自来水用水点，用水量约 3 m^3/d(间断用水)。

② 电：不计普通照明和空调用电。电压等级为 380 V 和 220 V。装机容量：约 40 KW。

③ 气：设置 HGT—500E 氮氢空三气一体机一台，可同时满足 2 台色谱仪工作需求。

④ 采暖通风：实验室温度控制 18℃～25℃（冬季不低于 18℃，夏季不高于 25℃），湿度不大于 70%。为满足化验通风要求，实验室需设置空调或排风扇。

⑤ 实验室应单独设计排水、收集系统，废药品、废试剂应分类收集贮存，进入物化系统处理。

化验室的仪器设备配备应满足常用的废物样品成分分析、组分确认、元素分析、工艺甄别、污染物排放检测的要求，实验室配备的仪器设备本着经济合理的原则，个别专业性较强的检验项目，建议采用社会化协作方式完成。分析化验对生产控制、产品质量检验等起着重要作用，因此分析仪器设备的选型是以技术先进可靠、自动化程度适中、操作快捷方便、精度和灵敏度满足生产与质量的要求，兼顾经济适用为原则。

(3) 接收贮存系统设计

危险废物专用运输车辆进入场区，按《危险废物转移联单管理办法》的规定进行快速检测、验收、计量后分类接受、贮存。对不明和暂时不能处理或量较小的废物经检测后，分别存放于暂存库内，尤其是高毒废物应按下列程序进行：

1) 设专人负责接收，在验收前需查验联单内容及产废单位公章。

2) 接收负责人对到场的危险废物进行单、货对照，清点核实。

3) 查验禁止入库的废物，对危险废物进行放射性检查，检查出以下物质禁止入库：① 含放射性物质，含荧光剂及包装容器；② 生化武器；③ 爆炸性废物；④ 现场无法处理的特大废物；⑤ 动物尸体；⑥ PCBs 废物及包装容器。

4）检查危险废物的包装：① 同一容器内不能有性质不兼容物质；② 包装容器不能出现破损、渗漏；③ 腐蚀性危险废物必须使用防腐蚀包装容器；④ 凡不符合危险废物包装详细规定的均视为不合格，需采取相应措施直至合格。

5）检查危险废物标志，标志贴在危险废物包装明显位置，凡应防潮、防震、防热的废物，各种标志应并排粘贴。

6）检查标签。危险废物包装上的标签至少有以下内容：① 废物产生单位；② 废物名称、重量、成分；③ 危险废物特性；④ 包装日期；⑤ 接收日期。

7）分析检查。进场废物须取样检验，分析报告单据作为贮存的技术依据。

8）验收中凡无联单、标签，无分析报告的废物视无名废物处理。

9）以上内容验收合格后，根据五联单内容填写入库单并签名，加盖单位入库专用章。

10）接收负责人填写危险废物分类分区登记表，通知各区相应交接贮存。

进场的危险废物通过电子磅称重，分类计量、化验分析、试验室取样试验，并对转运单上的数据进行核对，核对无误后，根据不同处理工艺分类贮存。

液态类危险废物采用罐车或者储罐收运，运抵本集中贮存库后，应注意区分不同含水量和相互的反应性。为使接收、储存能安全、无泄漏，储罐选用不锈钢材质，储槽选用 UPVC 材质。

固态类危险废物采用塑料桶收运，运抵本集中贮存库后，应注意区分相互的反应性。

对特殊的废物如高毒废物、难装卸废物等采用专用容器收运，其他易于装卸、无特殊要求的危险废物则由产生单位自备标准容器收运。

按照《危险废物贮存污染控制标准》(GB 18597—2001)，危险废物应做到分区、分类贮存，据《危险货物品名表》(GB 12268—2012)的分类原则，按贮存场地现有库房及设备条件的实际情况，对危险废物实行分区分库贮存；性质不同或相抵触能引起燃烧、爆炸或灭火方法不同的物品不得同库贮存，见表 7.2-2；性质不稳定，易受温度或外部其他因素影响可引起燃烧、爆炸等事故的应当单独存放；可燃、剧毒等特殊物品应专库、专柜、专人负责。

对于存放氧化性危险废物的库房，在入库前应将库房清扫干净，做好入库前准备，清扫出的残渣按指定地点进行妥善处理，不得随意丢弃。包装桶之间与地面之间要加垫木板，木板上不得残留其他物品，操作过还原性物质的手套不得在此库内使用，并在库内禁止内燃机铲车或可控硅叉车操作。

对于易燃性危险废物库房，应当注意降低库房气体浓度，并根据气温变化做到每小时通风1～2次，定期检查报警系统。在操作时，应防止静电火花产生，穿戴防静电工作服和手套，严禁穿化纤制品，库内禁止穿脱工作服和帽子，推车要有导电设施。避免包装桶与地面直接接触和磨擦，装卸车时要有适用的轮胎和皮垫，且不得使用铁制工具操作，并经常检查是否有渗漏、溢流、盖子松动现象，发现问题及时处理，遇特殊情况立即报告主管部门。

对于腐蚀性危险废物库房，在储存腐蚀性物品时要区分酸性、碱性，按性质分别存放，并经常检查包装是否完好，防止容器倾斜，危险废物漏出。在操作时，库房要通风排毒，按规定戴好眼镜、防酸手套等防护用品，操作完毕要及时清理现场，残余物品要正确处理。

盛装危险废物的容器、箱其标志一律朝外。堆迭高度视容器的强度而定。标志、标牌应并排粘贴，并位于其容器、箱、桶的竖向的中部明显位置。

专项储存库房的管理人员要加强责任心，严格执行检查制度；检查库房危险物品气体浓度；检查物品包装有无破损；检查物品堆放有无倒塌、倾斜；检查库房门窗有无异动，是否关插牢固；检查库房温度、湿度是否符合各专项物品储存要求。可分别采用密封、通风、降潮等不同或综合措施调控库房温、湿度；特殊天气，检查库房防风、漏雨情况；检查具有毒性、腐蚀性、刺激性物品时，配备好防护用品，要站在上风口；检查结束，填写记录。发现问题及时处理，特殊情况报告主管部门。

危险废物出库时，出库负责人接到由主管领导签发的出库通知单时，将出库内容通知到仓库管理人员。然后库房管理人员穿戴好必要的防护用品，按操作要求，在表格上登记后，将危险废物提出库房送到指定地点。再由出库负责人复查通知单上已填写的、适当的处理处置方法，否则不予出库。最后按入库时的要求检查包装、标志、标签及数量，并在出库通知单上签名并加盖单位出库专用章。

7.2.4 危险废物集中收集贮存风险评估

危险废物集中收集贮存场所处理、利用的对象是工业生产产生、排放的危险废物，存在许多环境风险，以试点化工园区为例，本章节主要讨论危险废物集中收集贮存风险因素、风险程度以及防范和降低风险的对策等内容。

(1) 风险因素分析

① 资源风险

本项目处理、利用的对象是工业生产产生、排放的危险废物，在相当长的时间内都将持续产生，且随着经济发展、环境保护水平的提高，呈现增长态势。

② 建设规模风险分析

根据试点化工园区危险废物产生现状及发展需求，确定本项目建设危险废物集中贮存规模为 500 t/a，较为可靠；工业废物来源都可以落实到产废单位，收集相对更有保障。可以满足园区现有中小企业危险废物贮存的需要，既不至于造成设施能力闲置，又不至于造成废物流失，较为稳妥可靠。

③ 工艺技术、设备风险分析

在收运路线的选择中，尽量选择远离密集居住区或城市的重要公共建筑物；危险废物收运过程中，加强防止散扬、流失、渗漏等污染环境的措施，避免运输过程中的污染，减少可能造成的环境风险；严格执行《中华人民共和国固体废物污染环境防治法》等法规和环保标准，收运人员经接受专业培训，考核合格，持证上岗。

危险废物转移时需办理有关手续，其包装容器必须贴有标签，注明危险废物的名称、质量、成分、特性，运输危险废物车辆有危险废物式样标志。对危险废物的贮存设施，在设计、施工和生产运行中严格遵守国家的相关法律法规，以有效防止贮存物洒漏对周围环境产生污染和危害的风险。

④ 财务风险

危险废物集中收集贮存场所的营业收入主要由废物贮存收费，收费价格按照政府指导价，与产废单位双方协商。废物贮存部分的效益取决于政府指导价和产废单位的承受能力。运行时及时与政府沟通，适时制定、调整合理、可行的收费价格，可以降低财务风险。

⑤ 自然灾害风险

场址区域多年平均风速 3.17 m/s，风暴风险因素较小。

场区储存有废燃料油、废有机溶剂等可燃物品。为防止雷电带来的影响，进行精心的防雷设计。凡是危险区域内建构筑物或根据计算需设置防雷的建构筑物，均装设防雷保护装置。厂区内高度超过 15 m 和需要建构筑物按三类防雷保护设计的厂房、库房等均应设置避雷带、针或接地极等加以保护。厂区内贮存的对象特殊，全部为危险废物，堆放不当就会对人身和环境造成十分恶劣的影响，存在诸多事故风险。

仓库贮存废油、废有机溶剂等易燃易爆物品，一旦发生火灾爆炸事故，影响较大，将会给项目带来灾难性损失。

危险废物运输、转移、贮存、处理过程中一旦出现泄漏或遗撒，会对地面造成污染，进而污染土壤和地下水。

(2) 风险程度估计

① 技术风险

试点化工园区的危险废物集中收集贮存场所采用的贮存技术、设备成熟、可靠，属一般风险。

② 经营风险

危险废物集中收集贮存场所是一个带有社会公益性质的环保项目，重点体现的是环境效益和社会效益，经济效益并非重要指标。但对经营者而言，项目的盈利能力一般，盈亏平衡点较高，具有一定经营风险，属一般风险。

③ 污染风险

由于危险废物的特殊性，在收集、运输、贮存、处理的全过程都存在产生新污染的可能。项目通过采取相应的工程手段，具备了降低、化解这些风险的基本条件，相对而言，发生环境污染的风险较小，属一般风险。

④ 自然灾害和事故风险

试点化工园区所在地发生自然灾害的几率较小，属一般风险。

火灾、爆炸发生几率很小，但一旦发生会造成较大损失，属严重风险。

(3) 防范和降低风险的对策

降低和防范风险的对策主要是风险控制，辅之以风险转移。通过加强内部管理，与环保等政府管理部门密切配合，全面掌握园区内废物产生源，不断研究、革新废物处理、利用技术，提高再生产品附加值，可以将经营风险控制在较低水平。严格内部管理，全面推行 ISO9000(质量管理)、ISO14000(环境管理)、OSHMS(职业安全健康管理)等管理体系，及时检查并维护生产、安全设施，精心作业，减少事故发生的风险。

在集中收集贮存场所的设计中采取针对性较强的技术手段，采取有效措施，严格防雷、防震、防火、防渗等，在设计中减少、规避此类险情的发生。

① 接收贮存系统

贮存仓库、场地的防火等级、安全疏散和防火距离符合国家有关标准的规定；根据危险品特性和仓库条件，必须配置相应的消防设备、设施和灭火药剂；根据仓库条件安装自动监测和火灾报警系统。液体库房应设置防止液体流散的设施，在库房门修筑慢坡，或在库门口砌高门槛，再在门槛两边填沙土，形成慢坡，便于装卸。场内常备消防、阻渗用砂土。

② 收集运输系统

运输危险废物的车辆采用具有专业资质单位设计制造的专门车辆，配备防遗洒、防腐蚀、防火功能，车辆装备 GPS 定位系统，实时跟踪、监控运输车辆的状况，运输人员随时与仓库贮存中心保持联系。

③ 污水处理

如果由于运输、操作等原因致使污水处理站进水中的 COD 浓度超标，可将超标的污水先排入事故污水池中，经沉淀和消毒处理达标后与生活污水一起排入化工园区污水处理厂。发生火灾时要排出大量的消防水，该部分水极易被污染，如果直接排放势必会污染周围的环境和水体，造成无法估量的损失。为确保环境不被污染，可在场内设一座事故消防污水池，消防排水排至事故池内，经处理达标后外排或回用。

对于可能发生的泄漏、遗撒、火灾等事故，制定完备的应急预案，预备抢修、救援机械设备，建立可靠的监控、报警通讯网络，定期演练，控制事故风险。一个完整的事故应急救援预案由两部分组成：现场事故应急救援预案和场外事故应急救援预案。现场和场外事故应急救援预案应分开，但它们彼此应协调一致，即它们必须是涉及同一事故的紧急情况。

首先应当设立事故应急救援“指挥领导小组”，和专业化的救援队伍，明确各自的职责、权限、分工、联络方式。指挥机构的具体职责如图 7.2-3 所示。

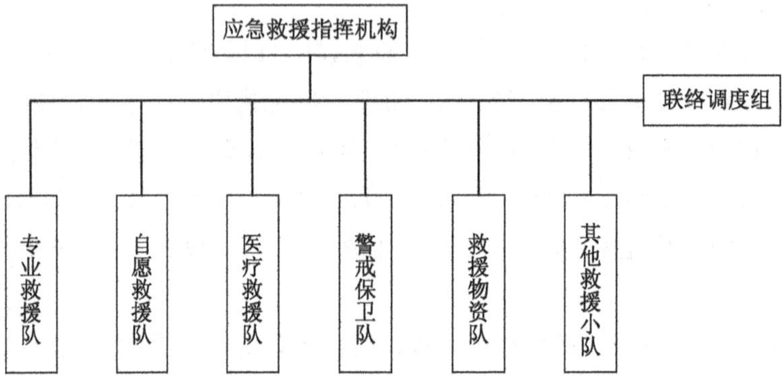

图 7.2-3　指挥机构的职责框图

根据事故的严重程度，设置应急分级响应系统，应急分级响应系统分为三级，具体如下：

一级应急响应：只影响装置本身，如果发生该类报警，装置人员应紧急行动启动装置应急程序，所有非装置人员应立即离开，并在指定紧急集合点汇合，听候事故指挥部调遣指挥。

二级应急响应：全场性事故，有可能影响场内人员和设施安全，立即发生二级响应警报。如发生该类报警，装置人员紧急启动应急程序，其他人员紧急撤离到指定安全区域待命，并同时向邻近企业、单位和政府部门、消防队、环保局报告，要求和指导周边企业和群众启动应急程序。

三级应急响应：发生对场界外有重大影响的事故，如重大泄漏、爆炸、地下水严重污染，除场内启动紧急程序外，应立即向邻近企业、单位和政府部门、消防队、环保局、安监局和县政府报告，申请救援并要求周围企业单位启动应急计划。

同时，场内应配备相应的应急设备、器材。应急设备、器材的配备应包括消防和工业卫生等方面。项目内部按国家消防法规要求，属义务消防组织，义务消防队既是生产者又是消防员。项目内部必须组织好这一队伍，进行消防专职培训、使用和维护消防器材、工具、设施，以确保初期火灾的扑救，不延误时间、不扩大事故、不失掉灭火良机。配备灭火剂和小型灭火器以及防火设施、工具、通道、器材等，同时还要配备生产性卫生设施和个人防护用品。前者主要包括工业照明、工业通风、防爆、防毒等，后者主要包括防护帽、防护鞋、防护眼镜、面罩、耳罩、呼吸防护器等。

发生事故时，在指挥领导小组接警后，应迅速通知有关部门、车间，要求查明事故发生部位和原因，下达应急救援处置指令，同时发出警报，通知指挥部成员及消防队和各专业救援队伍迅速赶往事故现场。指挥部成员通知所在科室按专业对口迅速向主管上级公安、劳动、环保、消防、安监、卫生等领导机关报告事故情况。发生事故的仓库，应迅速查明事故发生源点、泄漏部位和原因。指挥部成员到达事故现场后，根据事故状态及危害程度做出相应的应急决定，并命令应急救援队立即开展救援，如事故扩大时，应请求场外支援。事故发生时至少派一人往下风向开展紧急监测，佩戴随身无线通讯工具、便携式检测仪，向指挥部报告下风向污染物浓度和距离情况，必要时根据指挥部决定通知扩散区域内的群众撤离或指导采取简易有效的保护措施。

现场（或重大事故场内外区域）如有中毒人员，则医疗救护队与消防队配合，应立即救护伤员和中毒人员，对中毒人员应根据中毒症状及时采取相应的急救措施，对伤员进行清洗包扎或输氧急救，重伤员及时送住医院抢救。因化学污染造成皮肤、眼睛伤害则先用大量清水冲洗然后送往医院。

事故应急救援体系响应程序如图 7.2-4 所示。

场外事故一般是由危险废物运输引起，场外救援的基本任务是：维护社会秩序、控制污染、减轻危害。

运输风险应急分级响应系统分为三级，具体如下：

一级应急响应：运输车辆运输过程一般性事故（污染物未外泄）由运输人员自行处置，同时向部门负责人报警。

二级应急响应：运输车辆运输过程发生废物外泄，运输人员应向公司负责人报警，并立即进行现场清除，公司应派出应急救援队到现场进行处置。

三级应急响应：运输车辆运输过程发生严重废物外泄（如液废车辆大面积泄漏），运输人员除向公司负责人报警外，公司应立即向临近交通、环保、公安、消防、卫生等部门报警，并启动相应应急程序。

运输过程事故通过车载通讯系统向有关部门联系。

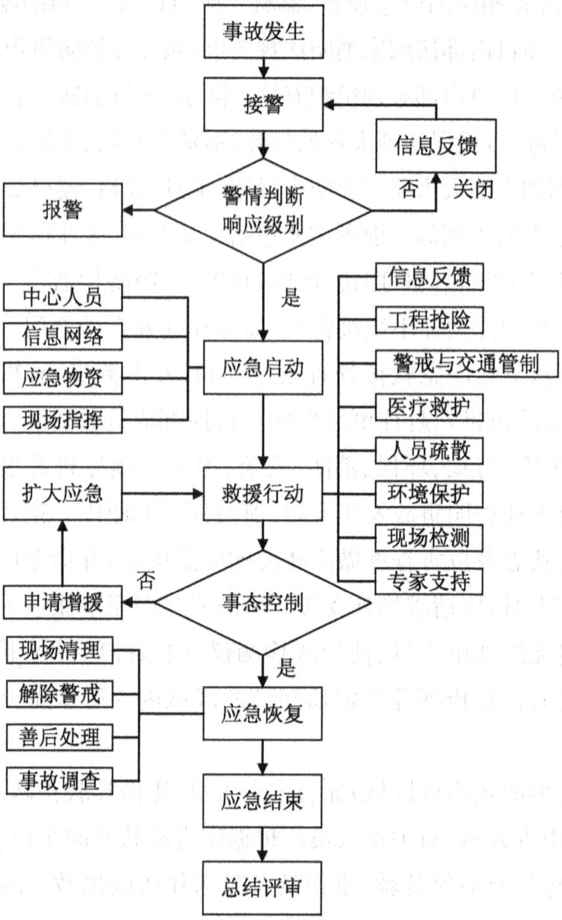

图 7.2-4　事故应急救援体系响应程序框图

运输车辆上需配备必要的急救药箱、洗眼器、灭火器，液废运输车上还配备自吸泵等应急装备；押运人员配备防护服、胶靴、长胶手套、眼罩等，运输特殊废物的车辆还配备防毒面具。

发生运输过程事故应立即停车，除立即向公司负责人报警外，公司应立即向临近交通、环保、公安、消防、卫生等部门报警，并启动相应应急程序。详见图 7.2-5。

应急组织及职责分工如下：

信息负责人：负责及时收集、掌握准确完整的事故信息，包括事故原因、大小、当前的形势、使用的资源和其他综合事务，向新闻媒体、应急人员发布事故的有关信息，并向公众发布信息，组织撤离等。

联络负责人：负责与有关支持和协作机构联络，包括到达现场的上级领导、地方政府领导等。

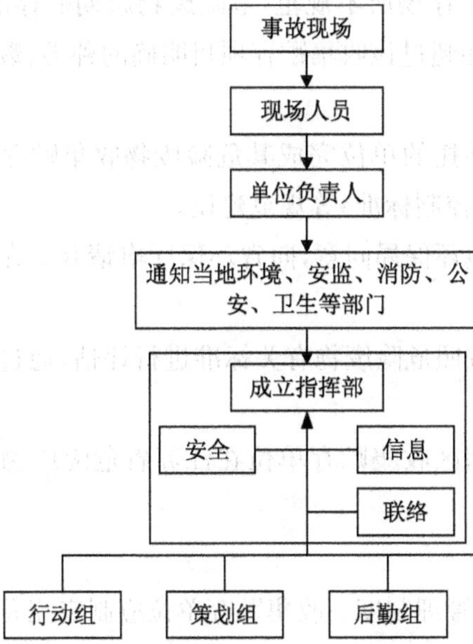

图 7.2-5 应急组织及职责分工图

安全负责人:负责对可能遭受的危险或不安全情况提供及时、完善、详细、准确的危险预测和评估。

行动组:负责所有主要的应急行动,包括消防和抢险、人员搜救、医疗救治、疏散与安置等。

策划组:负责收集、评价、分析及发布事故相关信息,准备和起草事故行动计划,并对有关的信息进行归档。

后勤组:负责为事故的应急响应提供设备、设施、物资、人员、运输、服务等。

行政组:负责跟踪事故并进行评估,承担其他职能未涉及的管理职责。

风险转移方面,为防止万一发生的事故导致的环境污染、人身伤害、财产灭失给经营带来严重经济损失,可以参加人寿、财产保险、第三方责任保险,适当转移突发事件带来的风险。

通过以上措施,可以有效防范风险,降低风险发生的几率,减少经济损失,保证项目持续、可行。

7.2.5 危险废物集中收集贮存管理要求

(1)贮存收集对象及类别

综合考虑园区产废企业危险废物产生量、贮存场所的规范性、危险废物转移处置的时间周期等要素,在前期初步筛选、现场调研的基础上,选择园区内危险废物年产生总量较少，危险废物贮存场所不规范，危险废物超期贮存的产废企业，同时危险废物收集种类、数量不能超过该收集贮存项目明确的种类、数量。

(2) 工作程序

① 园区管委会下属或委托的单位完成其危险废物收集贮存项目的环评等手续，按照《危险废物贮存污染控制标准》等规范建设。

② 由园区管委会经属地环保局同意，向省环保厅申请开展在其园区内危险废物开展集中收集贮存试点。

③ 省环保厅组织专家按照危险废物有关标准进行评估，通过后复函园区管委会开展试点工作。

④ 属地县级环保局为园区收集贮存单位在江苏省危险废物动态管理系统上进行注册。

(3) 管理要求

严格执行危险废物各项管理制度。收集贮存单位应制定完善的危险废物接收程序，委托持有危险废物运输资质的车辆进行运输，按照危险废物经营许可证单位要求对收集、贮存情况进行网上报告、办理电子转移联单，加强对危险废物临时贮存设施的现场管理，临时贮存设施内最大贮存量不得超过环评审批意见允许量，并建立完备的环境管理台帐制度。

加强对收集贮存单位的环境管理。园区管委会应加强对危险废物集中收集贮存单位的日常监督管理工作，并将转移计划备案、转移联单管理与日常执法监管有效衔接，强化事中事后监管。属地县级环保局按照危险废物经营许可单位的监管模式，加强对运营单位的监督检查，确保危险废物转移计划备案和电子转移联单的正常运行。对检查中发现的问题，应及时报告省辖市环保局或省环保厅。

7.3 化工园区危险废物集中处置能力建设

要加强化工园区危险废物集中处置能力建设，可以从加快危险废物处置设施建设、提升危险废物利用处置水平、大力推进水泥窑协同处置设施建设、着力加强突出类别危险废物的安全处置等方面来考虑。

7.3.1 加快危险废物处置设施建设

化工园区管委会应落实主体责任，全面掌握处置能力缺口、种类、数量等情况，根据危险废物现有处置情况，加快集中处置设施建设项目组织实施，按照相关要求科学选址，明确处置项目的建设布局、工艺路线、建设规模等，引导和扶持新建和迁建的危险废物利用处置企业向工业园区集聚。鼓励化工、电镀等危险废物产生量大的工业园区配套建设危险废物集中处置设施。鼓励有条件的地区跨行政区域合作建设危险废物填埋处置设施。对于已列入规划建设的危险废物集中处置设施项目,应加强调度跟踪,并督促落实,推进建设进度。同时,将危险废物集中处置设施项目建成及投入运行情况纳入综合考评体系。

7.3.2 提升危险废物利用处置水平

严格执行废乳化液、废包装桶、危险废物焚烧等危险废物利用处置行业的环境管理要求。开展已出台环境管理要求的利用处置行业环境核查,科学评估危险废物利用处置水平,严格行业准入淘汰落后处置能力,并通过强化事中事后监管、监督性监测、专业培训等方式,督促企业提升设施运行水平和精细化管理水平,提高设施运转率。

7.3.3 大力推进水泥窑协同处置设施建设

水泥窑煅烧炉温高、运行稳定、燃烧充分,且资源化利用程度高,能够有效处置飞灰、污泥等低价值、难处理的废物。积极推动有条件的地区开展水泥窑协同处置危险废物和工业污泥,形成与焚烧、填埋等传统技术错位竞争、优势互补的局面。组织各地利用火电等行业工业窑炉处置工业污泥,加快形成一批工业污泥利用处置能力。危险废物处置能力缺乏且具备水泥窑协同处置设施建设条件的地区原则上必须建设水泥窑协同处置设施,积极引导其他有条件的地区开展水泥窑协同处置工作。优先考虑熟料生产规模 5 000 吨/日以上新型干法窑生产线,开展水泥窑协同处置项目改造试点工作。

同时应强化部门间协调,建立由环保部门牵头,发展改革、经信、科技、财政、税务等部门参加的联合推进机制。各有关部门在职责范围内出台优惠政策,引导和支持水泥窑企业和社会资金投资建设协同处置项目。

此外,应加强日常环境监管,督促企业执行国家相关技术规范和污染控制标准,开展协同处置过程的环境风险及监管要点研究,推行信息公开,形成完善的污染综合防控体系。鼓励企业采用合适的运营模式充实危险废物处置技术和管理力量。

7.3.4 着力加强突出类别危险废物的安全处置

针对化工园区超期贮存现象较为明显、普遍的化工废盐、废活性炭、生活垃圾焚烧飞灰、工业污泥等危险废物处置为重点,开展相关利用处置技术攻关,在严格环境准入的基础上引入市场竞争机制,积极培育危险废物利用处置骨干企业,建成一批国内领先、国际一流的规模化危险废物利用处置设施。

鼓励企业回收酸、碱，降低废水盐度，并从源头对废盐进行分类分质处理，有条件的园区和企业实施集中预处理，降低废盐产生量；加大对工业污泥减量、脱水、干化等适用技术的示范、扶持和推广力度，有效降低污泥含水率，从源头削减污泥产生量。积极推动高盐废液的集中收集处理，规划建设化工废盐处理设施，对园区化工废盐实行统一管理。积极拓展废盐综合利用途径。现有焚烧、填埋技术难以有效处置废盐，目前综合利用是解决化工废盐的主要途径，即将废盐提纯去毒后用于离子膜碱工艺、生产融雪剂、防冻剂、水泥添加剂等产品。应围绕有效去除有毒有害物质，加强废盐利用技术研发，提高综合利用价值，降低环境风险；通过开展点对点循环利用、园区配套建设盐处置设施等方式，提升废盐利用处置能力。

鼓励废活性炭产生量大、自行利用意愿强的企业投资综合利用设施，鼓励符合条件的活性炭生产企业申领危险废物经营许可证。

推动生活垃圾焚烧飞灰综合利用或处置设施的建设，新建生活垃圾焚烧设施应与飞灰综合利用处置设施同步设计、同步建设、同步运行。

7.4 化工园区危险废物管理能力建设

7.4.1 化工园区危险废物信息化管理能力建设

为了实现在化工园区内部完成危险废物产生、收集、利用、集中处置、委外转移处置全过程管理，引导园区内部企业之间进行危险废物循环利用，减少向外部输出危险废物，根据国家危险废物管理相关规定，依托现行的江苏省危险废物动态管理系统，建设符合试点化工园区实际需求的信息化管理系统。

(1) 系统建设需求

通过建设试点化工园区危险废物信息化全过程管理平台，可有效解决整个园区在经营过程中面临的上述难题，提高整个园区的安全性、经济性和环境保护水平，提高园区运营管理水平。运营管理水平十分重要，直接关系到园区污染和灾害的防控效果。因此以物联网技术为核心，结合云平台、移动信息、大数据等智能技术，委托第三方技术监管势在必行。建设化工园区危险废物信息化管理系统，可以满足以下需求：

① 满足化工园区管委会的环境监管需要

基于网络和园区内各企业提供的实时数据，可实现对园区内所有企业进行远程数据监控，实现人机对话和管理反馈，满足园区管委会实时远程管理的需要，方便园区管委会对整个园区内企业的实时监控和管理，杜绝和防范管理中的漏洞。

通过系统内的大数据进行分析统计，生成各类报表，从而协助园区管委会完善园区的管理方针和管理制度，通过各种途径降低园区的安全隐患和环保风险，真正做到绿色生态园区。

② 对企业危险废物产生情况进行有效监控

通过企业录入的每月产废量(或每日产废量，可按实际需要进行调整)，结合危险废物入库数量进行大数据分析。系统可对相关数据进行实时汇总和分析，并对分析结果中有问题的企业进行预警。有效加强对企业产废量的监控，可避免偷报、瞒报等现象。提高企业产废量的透明度，便于园区的监控和监管。

③ 实现危险废物综合利用的流程信息化管理

通过简化申领危险废物经营许可证的程序要求，将特定行业产废企业产生的危险废物作为另一企业生产原料进行定向、梯度综合利用，扩展可利用危险废物的资源化途径。

④ 促进园区内企业自建处置设施共享

结合系统可有效提高园区自建设施的使用率，可以防止不必要的人为资源紧张和资源浪费的情况，同时也能起到集中管理的作用。

⑤ 提高危险废物出入库的时效性和透明度

系统通过和硬件设施的配合(RFID 卡、红外感应器和智能地磅等)，可实时监控危险废物的出入库情况，使产出的危险废物做到有单可查、依单出入库、先进先出。对危险废物进行标准化的管理，防止超期储存、危险废物去向不明等情况，有序有效地对危险废物进行库存管理。

⑥ 实现与省平台的联动

实现整个园区内的产废单位、处置单位各种数据与省平台的同步，便于企业在省平台中的申报登记、许可证管理、危险废物转移、数据维护等。做到一处登记全盘记录，减少园区内各企业的工作量和避免各处数据不统一的问题。

⑦ 通过大数据分析助力固体废物管理

通过系统中存储的大数据，自由灵活的配置和生成各种产废单位、处置单位和园区管委会所需要的报表。协助相关单位全面掌握各环节的数据资料，帮助决策者和经营者更好的管理和监督。

(2) 系统建设目标

通过园区内企业的危险废物产生信息、转移信息、自行利用处置情况等基础数据的采集、存储和统计分析，形成危险废物产生、收集、贮存、转移和处置相关数据的电子档案。在此基础上使用物联网技术进一步利用这些数据，结合物联网、大数据分析等技术手段，让危险废物产生、转移、处置在阳光下进行，让每个环节透明化、可视化，最终实现对危险废物的全生命周期的管理。

为适应化工园区的管理需要，同时保障系统与省平台的无缝衔接，基础数据从现在使用的江苏省危险废物动态管理信息系统获取，此外还为园区定制设计产废管理、库存管理、实时监控、电子称重等特色化功能，在确保化工园区管理需求的同时，对园区系统数据与省危废动态管理系统数据进行实时同步，做到数据的统一化、透明化。

① 建设智能园区

依托于物联网，通过 RFID 卡、红外感应器、智能地磅等信息传感设备和硬件设施把整个园区串联在一起，实现整个园区智能化的危险废物出入库、危险废物定位、危险废物跟踪、危险废物称重、危险废物实时监控、危险废物处置管理和园区整体管理。建设一个智能化生态园区。

② 建立危险废物“全透明”智慧监管体系与机制

通过大数据、物联网等新兴技术进一步加强对危险废物管理的事中、事后监管，基于现有危险废物动态管理数据，建立“全透明”智慧监管的体系与机制，对涉及危险废物重点单位安装视频监控系统并实时联网，实现对危险废物产生、贮存、称重、出厂、处置接收等关键节点、关键行为数据的全程自动化采集，最终实现对危险废物全生命周期的智能跟踪管理。

③ 实现危险废物转移“可视化”智能追溯

系统运用云视频、人工智能等技术实现涉废企业贮存仓库可视化、装卸货可视化、出入厂房可视化、处置利用可视化。对传统纸质联单进行全面升级，让危险废物转移过程完全透明化。方便管理者随时了解每笔危险废物产生、处理、利用情况，提高管理效率，防止非法倾倒。

④ 对危险废物进行集中收集贮存

通过系统，对产废微小企业产生的危险废物进行集中收集贮存管理，实现危险废物的集中管理，防止和避免危险废物的碎片化贮存、碎片化管理中可能存在的漏洞和问题。

⑤ 利用大数据辅助危险废物事中、事后监管

利用大数据、人工智能等技术，对企业的申报数据、转移数据、视频抓拍、接收入库、处置台账等数据进行联机综合分析，实时识别转移、贮存、处置等活动中存在的薄弱环节，自动判断预警，做到防患于未然。

(3) 系统模块设计

化工园区危险废物信息化管理系统模块包括产废企业端（企业管理、产废管理、危险废物转移、实时监控、查询统计）、经营企业端（处置企业、综合利用企业、处

置共享企业、收集贮存企业)、园区管委会端(企业管理、危险废物管理、查询统计)3个大模块,共计11个小模块;预留与各硬件的接口。

产废企业端,应用于园区内所有产废企业,主要功能包括:企业管理、产废管理、综合利用申请、处置共享申请、危险废物转移管理、实时监控、查询统计。

经营企业端,经营企业端应用于园区内所有经营企业,主要功能包括:处置企业、综合利用企业、处置共享企业、收集贮存企业。

园区管委会端,应用于园区管委会,其主要功能包括:企业管理、综合利用管理、处置共享管理、危险废物管理、查询统计。

系统各模块主要实现如下功能:

- 园区设施管理
- 企业基础信息管理
- 企业许可证管理
- 企业产废量管理
- 综合利用管理
- 处置共享管理
- 危险废物入库管理
- 危险废物出库管理
- 危险废物转移管理
- 电子联单管理
- 危险废物称重管理
- 危险废物处置管理
- 次生危险废物管理
- 企业经营状态实时监控
- 网络平台
- 扩展功能

以化工园区危险废物处置环节为例,信息化管理系统操作流程如图7.4-1所示。

7.4.2 化工园区危险废物日常管理能力建设

(1) 建立危险废物管理环境监控平台

整合危险废物动态管理系统、在线监测系统、移动执法平台等资源,建设符合化工园区实际需求的危险废物信息化管理监控平台,集成危险废物动态申报、转移网上报告、统计分析、信息查询、运输GPS跟踪、经营许可证审批、现场监管执法等

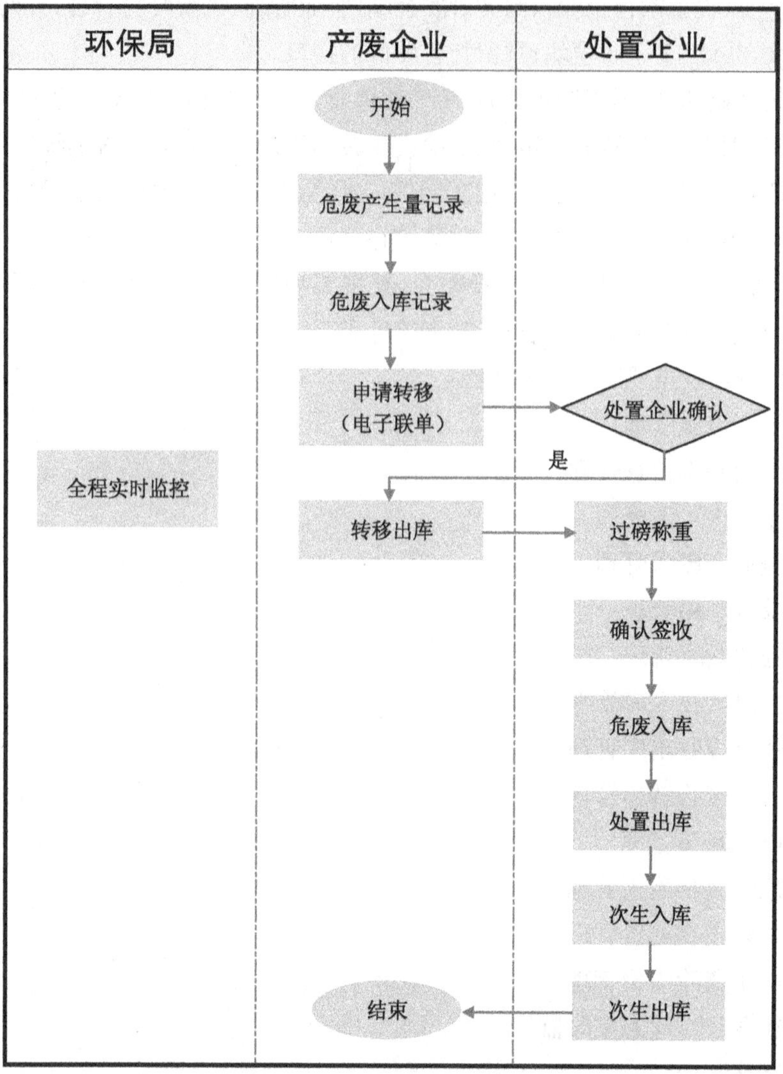

图 7.4-1　化工园区危险废物处置环节系统操作流程图

功能，实时跟踪管理园区内企业危险废物产生、贮存、转移、处置，以及源头减量、循环利用、集中处理利用等信息，及时识别并反馈企业申报信息异常情况，筛选监管重点，建设化工园区危险废物在线监控平台，推动日常监管内容信息化，实时录入、实时共享、实时反馈，实时掌握园区内企业危险废物产生、贮存、转移、处置情况，以实现园区内部危险废物产生、贮存、转移、处置、利用全过程精细化动态管理，建立起基于信息预警的动态监管方式，形成系统报警、执法联动、违法查处的链式反应机制。推动日常检查、检测、整改、处罚等日常监管内容信息化，实时录入、实时共享、实时反馈，构建可跟踪追溯的企业日常监管数据库，并加强相关信息公开。